学最好的别人
做最棒的自己

冯国涛 / 编著

中国华侨出版社

图书在版编目（CIP）数据

学最好的别人 做最棒的自己/冯国涛编著.—北京：中国华侨出版社，2011.5
　ISBN 978－7－5113－1133－7

Ⅰ.①学… Ⅱ.①冯… Ⅲ.①人生哲学—通俗读物 Ⅳ.①B821－49

中国版本图书馆 CIP 数据核字（2011）第 072400 号

● 学最好的别人 做最棒的自己
────────────────────────────────

编　　著/冯国涛
责任编辑/尹　影
经　　销/新华书店
开　　本/710×1000 毫米　1/16　印张 15　字数 180 千字
印　　数/5001-10000
印　　刷/北京一鑫印务有限责任公司
版　　次/2013 年 5 月第 2 版　2018 年 3 月第 2 次印刷
书　　号/ISBN 978－7－5113－1133－7
定　　价/29.80 元
────────────────────────────────

中国华侨出版社　北京市朝阳区静安里 26 号通成达大厦 3 层　邮编 100028
法律顾问：陈鹰律师事务所
编辑部：(010) 64443056　　64443979
发行部：(010) 64443051　传真：64439708
网　　址：www.oveaschin.com
e－mail：oveaschin@sina.com

PREFACE 前言

人生一如登山，能够真正登顶的人寥寥可数。导致人生失败的原因有很多，总结起来无非两个字——"失误"！或许是人生定位上的"失误"，或许是性格上的"失误"，或许是心态上的"失误"，又或许是处世方法上的"失误"……

谈及"失误"，不仅让人想起一则寓意颇深的故事。据说，一位棋道高手在退役以后，做了一名教练。培训选手时，他采取了一种与众不同、令人费解的方法：他不教年轻选手们如何落子布阵，只要求他们记住自己所走的每一步棋，然后从中找出自己的失误。谁找出的多，他一定会予以表扬；谁找出的少，则免不了要受一顿批评。久而久之，选手们开始不满，他们认为教练没有真才实学，只是为了混口饭吃而敷衍大家，但教练依旧如故。

后来，棋道高手的徒弟们都参加了比赛，并且一一胜出。那些被击败的高手们惊讶不已，忍不住叹息道："我们几乎找不出他们的任何破绽，他们赢就赢在了没有失误上。"

看完这则故事，不知你的心里作何感想？不妨回头看看自己走过的路，在这条依旧不断向前延伸的人生道路上，我们究竟描错了几笔？有过多少次失误？诚然，人活于世，失误在所难免，关键在于我们能否从失误中汲取教训，尽量弥补自己的破绽，以求收获一个高质量的人生。冒昧地问一句，你做到了吗？

大千世界，人有各异，但相信大家都拥有一个共同的目标——做最棒的自己！学最好的别人，做最棒的自己：借鉴别人的优点，并将其转化为自己的长处，你会变得更加优秀；洞悉身边的机遇，并将其转化为自己的机遇，你就会得到幸运女神的眷顾；捕捉生活中的健康元素，你一定会生活得更加幸福……

学最好的别人，做最棒的自己。它要求我们去优化自己的人生定位及目标，并不断为之奋斗；它要求我们去优化自己的竞争力，让自己变得不可替代；它要求我们去优化自己的思维力，因事制宜，出奇制胜；它要求我们去优化自己的心态，用最健康的姿态去迎接明天的朝阳；它要求我们去优化自己的处世风格，使我们在人生路上多一些助力，少一些羁绊……学最好的别人，做最棒的自己，说起来容易，做起来并不轻松。它需要我们不断去总结、去探索、去学习、去努力。

本书归纳、总结了人生之中常见的误区及明智的处世方法，并结合相应案例加以讲解，力求做到使读者一看就懂、一用就通。希望它能够帮助读者朋友减少成功路上的失误，不断优化、改进、充实自己，以达成"做最棒的自己"这一美好的人生夙愿。诚然，它未必能够像武功秘籍一样，让你瞬间成为武林高手，但翻开它，一定会对你的人生大有裨益。

目录 CONTENTS

第一章 优化"导航系统"
——定位准确，才能成功登陆

"如果你自诩为奴隶，那你永远不会成为主人！"诚然，每个人对于成功的追求都不尽相同，但可以肯定的是，无论你怎样解读成功、怎样定义成功，你都必须为自己选择一个明确的目标。因为没有目标、没有想法的人生，必然会一塌糊涂，必然会极度乏味、极度平庸。

音乐家？卖艺者？——由你来选择 ……………………… 2
能成事者立长志，不成事者常立志 ……………………… 5
"好斗"者常胜 ……………………………………………… 7
自知者明 …………………………………………………… 9
起点低算什么 ……………………………………………… 12
从最易实现的目标做起 …………………………………… 14
将目标"肢解" …………………………………………… 17

有去无回离弦箭 ………………………………………… 19
突破自我瓶颈 …………………………………………… 22

第二章 优化"竞争力"
——让自己变得不可替代

时代在发展，竞争形势愈演愈烈。所谓人才，必须在学有所长的基础上懂得灵活变通，用你所掌握的知识、技能去盘活人生，创造最大的价值。否则，你就只能眼睁睁地看着别人先己一步将成功抢在手中，只能眼睁睁地看着自己在竞争中惨遭淘汰。

不要抱着文凭睡懒觉 ……………………………………… 26
做终身学习的典范 ………………………………………… 28
触类旁通，学以致用 ……………………………………… 30
玩转时间 …………………………………………………… 34
业精人乃强 ………………………………………………… 36
盖茨最依赖的女人 ………………………………………… 39
脚踩在地上，你才能借力腾空 …………………………… 41
你的形象价值连城 ………………………………………… 44
找出软肋，弥补自我 ……………………………………… 46

第三章 | 优化"拦截系统"
——别让机遇悄悄溜走

　　故事本身其实也是一种机遇！若能自故事中得到启发，并因此改变自己的思维及行为方式，令自己终生受益，就意味着你已经抓住了这个机遇。倘若读过以后大脑之中一片空白，丝毫没有受到启发和影响，那么只能遗憾地告诉你，你又放过了一次发展自我的大好机遇。

一次偶然的机遇，成就一个写意的人生 …………………… 50
用敏锐的目光发现机遇 ………………………………………… 52
随"机"应变方为智者 ………………………………………… 54
做好准备，捕获机遇 …………………………………………… 57
不放过任何一个信息 …………………………………………… 60
"我可以创造机遇！" …………………………………………… 62
伺"机"而动，一击即中 ……………………………………… 65
反思机会遁去的缘由 …………………………………………… 67

第四章 | 优化"思维力"
——"投机取巧"又何妨

　　在这个世界上，从来没有绝对的失败，有时候只要调整一下思路，转换一个视角，失败就会变成成功。一个聪明的人，不会总在一个层次做固定思考。他们知道很多事情都是多面体，如果你在一个方向碰了壁，那也不要紧，换个角度你就会走向成功。

正确的做事方法会令你事半功倍 ·········· 72
转换思维，另辟奇径 ·········· 74
化腐朽为神奇 ·········· 77
无独有偶 ·········· 79
运用反向思维反败为胜 ·········· 80
打蛇七寸，借力使力 ·········· 82
因事制宜，出奇制胜 ·········· 84
跟着别人走，你只能居于人后 ·········· 87
不创新，就死亡 ·········· 90

第五章 优化"道德指数"
——以自信立身，以诚信立世

荀子说："天地为大矣，不诚则不能化万物；圣人为智矣，不诚则不能化万民；父子为亲矣，不诚则疏；君上为尊矣，不诚则卑。"明人朱舜水说得更直接："修身处世，一诚之外更无余事。故曰：'君子诚之为贵。'自天子至于庶人，未有舍诚而能行事也；今人奈何欺世盗名矜得计哉？"所以，诚是人之所守、事之所本。只有做到内心诚而无欺的人才是能自信、信人并取信于人的人。

诚信者遍行天下 ·········· 94
一口唾沫一个坑 ·········· 97
用诚信打造人生品牌 ·········· 99
忠诚于自己的事业 ·········· 102
我一定行 ·········· 104

天生我材必有用 …………………………………… 106
我命由我不由天 …………………………………… 108
不要被以往的失利击倒 …………………………… 111
用骨气震慑不可一世的对手 ……………………… 113

第六章 优化"处世风格"
——低调做人，高调做事

<u>青山不语</u>，自是一种高远，些许丘壑又岂能阻断人们仰视它的目光？

<u>大海不语</u>，自是一种广阔，容纳百川的肚量任谁不去艳羡？

低调做人是一种人生智慧，高调做事是一种人生态度！唯有将二者融合在一起，我们才能成就一个涵蕴厚重、丰富充实的人生。

凡成事者必谋定而后动 …………………………… 116
鹰立如睡，虎行似病 ……………………………… 118
送姬尝便、卧薪尝胆，三千越甲终吞吴 ………… 120
浮云焉可常蔽日 …………………………………… 123
外圆内方，生存之道 ……………………………… 125
木秀于林，风必摧之；行高于人，众必非之 …… 128
"退避三舍"，示弱即强 …………………………… 130
喜怒不形于色 ……………………………………… 132
低调做人，高调做事 ……………………………… 134

第七章 优化"内存"
——有容乃大

宽恕不仅是原谅伤害你的人，同时也是解放了你自己，与其因为愤恨而耗尽自己一生的精力，时时记着那些伤害你的人和事，被回忆和仇恨所折磨，还不如宽恕他们，把自己的心灵从禁锢中解脱出来。遇事若有宽容这个念头在，你的人生势必会少为烦恼所牵绊，你的心灵自会轻松许多。

宽容的人生没有敌人 …………………………………… 138
不懂宽容就没有人脉 …………………………………… 140
最大的报仇就是宽恕的念头 …………………………… 142
成大事者不拘小节 ……………………………………… 144
放人一马又如何 ………………………………………… 146
幸福的婚姻需要宽容与理解 …………………………… 148
别让"狭隘"拖垮"成功" ……………………………… 149
宽容不等于纵容 ………………………………………… 151
宽容别人等于宽恕自己 ………………………………… 155

第八章 优化"心态"
——心静自然强

心态是横在人生之路上的双向门，人们可以把它转到一边，进入成功；也可以把它转到另一边，进入失败。明人陆绍珩也说：敢于向世上放开眼,不向人间浪皱眉。"放开眼"和"浪皱眉"就是面对人生的两种不同心态。你选择正面,你就能乐观自信地舒展眉头,迎接一切;你选择背面,你就只能是眉头紧锁,郁郁寡欢,最终成为人生的失败者。

  心态好才是真的好……………………………………………158
  送人玫瑰,手有余香……………………………………………160
  功名利禄如云烟…………………………………………………162
  直如弦,死道边;曲如钩,反封侯……………………………164
  嫉妒人则己不如人………………………………………………167
  傲慢之人,人必慢之……………………………………………170
  当断不断,必受其乱……………………………………………172
  让爱喘息…………………………………………………………175
  得意之时,勿忘形骸……………………………………………177

第九章 优化"口才"
——练就一张莲花口

  "会说话的让人笑,不会说话的让人跳。"表达方式的不同,会产生不同的效果。

  我们的话说得不好,小则可以招怨,大则可能伤身。我们虽然没手执国柄,不必担心因为说话的轻重或对错,去负"兴邦"或是"丧邦"的责任,但是,我们总不能不顾及到"快乐"或是"招怨"这两个与自身利害攸关的大问题吧。

  天天说话,未必真会说话……………………………………180
  用"尊重"笼络人心……………………………………………182

自我介绍要语惊四座 ·················· 184
赞美是成功的助推器 ·················· 186
拒绝的艺术 ························· 190
把他"批"舒服了 ···················· 192
将"人情话"说出人情味 ·············· 195
别拿"场面话"不当回事 ·············· 197
请将不如激将 ······················· 200

第十章 优化"人脉"
——得人心者得天下

要生存就该学会生存所需的本领。但附加的资本也必须具备。与人的相处，实际上就是一种投资，只有肯"投入"，才能有"收益"。一个人若想成功，就必须在人际关系上下力气，争取成为情感投资的最大赢家。

做情感投资的赢家 ··················· 204
打着灯笼的盲人 ····················· 207
挠对方的"痒痒肉" ·················· 209
笑是最美丽的音符 ··················· 211
济人于危困之际 ····················· 213
同事——是对手但不是敌人 ············ 216
上司——主宰你事业的那个人 ·········· 219
己所不欲，勿施于人 ················· 221
忍者有度，有所忍有所不忍 ············ 224
为自己穿上迷彩服 ··················· 226

第一章 优化"导航系统"
——定位准确,才能成功登陆

"如果你自诩为奴隶,那你永远不会成为主人!"诚然,每个人对于成功的追求都不尽相同,但可以肯定的是,无论你怎样解读成功、怎样定义成功,你都必须为自己选择一个明确的目标。因为没有目标、没有想法的人生,必然会一塌糊涂,必然会极度乏味、极度平庸。

音乐家？卖艺者？——由你来选择

有这样一句话："如果你自诩为奴隶，那你永远不会成为主人。"对于整日奔波忙碌的我们而言，你想拥有怎样的生活，你给予自己一个怎样的定位，将直接决定你一生的成败。

谭盾在中央音乐学院时，被誉为"四大才子"之一，1986年，他远赴哥伦比亚求学。初到异乡为求生存，谭盾只能选择在街头卖艺谋生。所幸，他结识了一位黑人琴师，两人同心协力占据一块地盘——一家商业银行的门前。

积累了一定的资金以后，谭盾决定离开黑人琴师，前往自己向往已久的艺术殿堂——哥伦比亚大学。在那里，他师从大卫·多夫斯基以及周文中先生，潜心学习音乐。身在学府，当然不能像在街头时那样卖艺赚钱，谭盾的生活逐渐拮据起来。然而，此时的他已然进入更高的境界，他的目光超越了物质，投向远方……

1988年，在师友的帮助下，谭盾在美国成功举办了个人作品音乐会，成为第一位在美国举办个人音乐会的中国音乐家；1989年，谭盾以一曲《九歌》闯入国际音乐殿堂，并不断推陈出新，凭借令人赞叹的音乐作品，逐步奠定了自己"国际著名作曲家"的地位……

谭盾成名以后，一次，当他路过自己曾经卖艺的地方时，竟然惊奇地发现那位黑人琴师居然还在！十年弹指一挥间，黑人琴师的脸上依旧写满了满足。谭盾走上前去与之交谈起来。琴师询问谭盾现在的"工作地点",他简单回答了一家非常具有知名度的音乐厅,不想对方却说:"那个地方也不错,能赚到不少钱。"黑人琴师怎会知道,如今的谭盾早已成为享誉全球的大作曲家了。

谭盾之所以有今日之成就,就在于他一直怀有成为音乐家的想法,他没有将自己定位为"卖艺者"。他十分清楚,自己决不能依靠"卖艺"去走完人生旅程。相反,那位黑人琴师从始至终就认定,自己只是个"街头拉小曲的",所以他的人生只能以"不入流"收场。

古往今来,大量事例足以证明,一个想法、一个定位,在很大程度上可以改变一个人的人生。

李斯少年时家境窘迫,曾做过掌管文书的小吏。据说,有一次李斯上厕所时,恰巧看到老鼠偷吃粪便,人与狗一来,老鼠便慌忙逃窜。不久之后,他在官仓内又看到了老鼠。这些老鼠整日大摇大摆地吃着粮食,长得肥头大耳,生活得安安稳稳,根本不必担惊受怕。两相比较后,李斯感慨顿生:"人之贤与不贤,譬如鼠矣,在所自处耳!"意思是说,人有能与无能就好像老鼠一样,全靠自己想办法,有能耐就要能做官仓之鼠!

于是,李斯立志要成为"官仓鼠",他辞去小吏一职,前往齐国向当时著名的儒学大师荀子求学。荀子虽继承了孔子的儒学,也打着孔子的旗号讲学,但他对儒学进行了较大的改造,少了些传统儒学的"仁政"主张,多了些"法治"的思想,这很适合李斯的胃口。李斯十分勤奋,与荀子一起研究"帝王之术",即怎样治理国家、怎样当官的学问,学成之后,他便向荀子辞别,准备前往秦国。

荀子问及缘由,李斯回答:人生在世,贫贱乃最大的耻辱,穷困为最大的悲哀,若想令人高看,就必须干出一番事业。齐王昏庸无能,楚国无所作为,只有秦王龙盘虎踞、雄心勃勃,准备伺机并齐灭楚,一统天下，因此，秦国才是成就事业的好地方。如果留身齐、楚之地，不久即成亡国之民，还有什么前途可言？

李斯来到秦国，投到极受太后倚重的丞相吕不韦门下，凭借才干，很快就得到了吕不韦的器重，成为了一名小官。官虽不大，却不乏接近秦王的机会，仅此一点，就足够了。处在李斯的位置，既不能以军功而显，亦不能以理政见长。他深深知道，要想引起秦王注意，唯一的方法就是上书。他观察时局，揣摸秦王心理，毅然上书秦王：凡能成事者，皆能把握时机。秦穆公时期国势虽盛，但终不能一统天下，其原因有二：（1）当时周天子实力尚存、威望犹在，不易取而代之；（2）当时各诸侯国力量均衡，与秦国不相伯仲，但自秦孝公之后，周天子势力骤减，各诸侯间战争不断，秦国则休养生息，趁机壮大起来。如今国势强盛，大王又英明贤德，扫平六国简直不费吹灰之力，此时不动，又待何时？

这席话分析得可谓合情合理，入木三分，同时又极合秦王的胃口。李斯终于在秦王面前露了回脸，并被提拔为长史。此后，李斯不仅在大政方针上为秦王出谋划策，还在具体方案上发表意见：他劝秦王大肆挥金，重贿六国君臣，令他们离心离德，不能合力抗秦。这一招果然有效。后来，六国逐一为秦所击破，李斯则最终爬上了丞相的高位。

"粮仓鼠"与"茅厕鼠"的不同际遇，给了李斯很大刺激，使他确定了自己的人生方向——做一只粮仓里的老鼠。李斯其人胸怀大志，而清醒的头脑更为他的志气插上了翅膀，帮助他为自己选择了一个与众不同的人生起点。

诚然，每个人对于成功的追求都不尽相同，但可以肯定的是，无论你怎样解读成功、怎样定义成功，你都必须为自己选择一个明确的目标，因为没有目标、没有想法的人生，必然会一塌糊涂，必然会极度乏味、极度平庸。

想要成功,你就必须把自己定位为成功者,并在这条路上矢志不移地走下去!要知道,是成为"音乐家"还是"卖艺者",是成为"粮仓鼠"还是"茅厕鼠",这完全在于你的想法,完全取决于你的选择。

能成事者立长志,不成事者常立志

常言说"能成事者立长志,不成事者常立志"。在这个世界上,希望改变自身状况、希望事有所成的人比比皆是,但真正能够将这种欲望具体化为一个清晰的目标,并矢志不移地为之奋斗的人却很少,到头来,欲望终究只是欲望而已。

美国哈佛大学曾用时25年,以"目标对人生的影响"为内容,对一群各方面条件相差无几的大学生进行跟踪调查。结果发现:在这些年轻人中,有27%的人缺乏目标;有60%的人目标不够清晰;有10%的人有目标且清晰,但只是短期目标;而只有3%的人具有清晰的长期目标。

25年以后,那3%的大学生几乎都成了社会精英,其中包括创业成功者、行业领袖等等;10%具有短期目标的人一直生活在社会中上层,生活相对惬意;60%目标模糊者生活在社会中下层,衣食无忧,仅此而已;而27%没有目标者则一直处于社会最底层,生活状况极不如意。

由此可见,目标对于人生具有极其重要的导向作用,人生成功与否,就在于你的选择,选择什么样的目标,就会拥有什么样的人生。

有这样一个故事：

一位名叫贾金斯的年轻人看到有人在钉栅栏，便走过去帮忙。钉了几下，他觉得木头不够整齐，于是便找来一把锯，锯了几下之后，他又觉得锯不够快，又去找锉刀，找到锉刀才发现，必须要给锉刀装上一个合适的手柄，这样一来，就免不了去砍棵小树，而要砍小树必须要把斧头磨快，要将斧头磨快，首先就要把磨石固定好，固定磨石要有支撑用的木板条，制作木板条还需要木工用的长凳……贾金斯决定去求借所需要的工具，这一去就再也没回来。

贾金斯无论做什么都不能从一而终。他曾一心想学习法语，但要完全掌握法语，必须对古法语有所了解，而要学好古法语，首先就要通晓拉丁语。

接下来贾金斯又发现，学好拉丁语的唯一方法，就是掌握梵文，于是他又将目标转向梵文。如此一来，真不知他何年何月才能学会法语了。

贾金斯的祖上为他留下了一些财产，他从其中拿出10万美元创办煤气厂，但原材料——煤炭价格昂贵，令他入不敷出。于是，他以9万美元将煤气厂转让，继而投资煤矿。这时他又发现，煤矿开采设备耗资惊人。因此，他将煤矿变卖，获得8万美元，转投机器制造业……就这样，贾金斯在各相关工业领域进进出出，却始终一事无成。

他的情况越来越差，最后不得不卖掉仅有的股份，用来购买了一份逐年支取的养老金。然而，伴随着支取金额的逐年减少，他若是长命百岁，肯定还是不够用的。

贾金斯的失败在于，他的目标总是在不停地变动，如此一来，就不得不在各个目标之间疲于奔命。这样做除了空耗财力、物力，空耗时间与人生，还能有什么呢？

所谓"样样通样样松"、"诸事平平，不如一事精通"，这是一种规律。戴尔·卡耐基在分析众多个人失败案例以后，得出这样一条结论——年轻人事业失败的一个根本原因，就是精力太分散。这是一个不争的事实，很多人生中的失败者都曾在多个行业中滑进滑出。试想，倘若他们能够将精力集中在一点，在一个行业里孜孜不倦地奋斗10年、20年，又何愁不成为个中翘楚呢？

"好斗"者常胜

每个人心中都存有"斗志"，都希望有朝一日出人头地、光耀门楣，但为什么只有少数人能够成就梦想呢？从根本上讲，是因为这部分人的"斗志"要较一般人更为强烈，而且他们知道怎样去驱使自己的"斗志"。

战国时期的著名思想家、教育家墨子告诉后辈："志不强者智不达。"一个人能在人生中撰写怎样的文章，很大程度上要取决于他心中的"大纲"如何。"金鳞"的志向是"龙在九天"，所以它才能够"一遇风雨便成龙"。我们若想"扶摇直上九万里"，心中就一定要有一种超出别人的欲望，要秉持着强烈的斗志以及恒久的激情，不断地向目标冲刺。

"斗志"于人而言，一如飞机的引擎，只不过大多数人的引擎尚处于"熄火"状态，一旦引擎发动且驾驶无误，你就会很快地一飞冲天。

浙江商界代表人物、吉利集团总裁李书福，一度频受挫折、饱尝歧视，但他从未熄灭心中的斗志。继成功开发出国内第一辆踏板摩托车以后，李书福乘胜追击，将业务拓展到汽车领域，凭借执著的追求和不断进取的精神，最终成为国内声名显赫的民营企业家。

众所周知，汽车行业极具挑战性——竞争白热化、风险超高，而李书福进入该领域之初，启动资金仅有5亿多人民币。这对于充满世界级巨头的汽车行业而言，不免显得有些微不足道。况且，当时国家政策对民营企业还没有完全开放，李书福所面临的困难可想而知。

不过，李书福生来就有一种"撞南墙就要把墙推倒"的斗志，他经过摸索、分析，最终得出这样一条结论：国内汽车领域发展近20年来，从天津夏利到上海大众，从广州标致到别克、雅阁，排量越来越大，级别也越来越高。然而，对于中国老百姓而言，绝大多数人没有那么多钱，他们更需要价格在3~4万元之间的低端轿车。于是，李书福最终将目标放在了"百姓轿车"的开发上。他曾说道："我会将价位定在3~4万元左右，只要成本低于别人，价格低于别人，而质量高于别人，就能薄利多销，我就有机会！"

就这样，在世纪之交，中国汽车领域闯进了一个"莽撞汉"。他"驾驶吉利"逆流而上，将死气沉沉的中国车市搅得风云变色。吉利汽车接连4次引发降价风暴，令许多"知名品牌"苦不堪言，一时间，打击声、讨伐声、质疑声纷纷袭来。李书福顿时陷入了饱受非议的境地，吉利的年销售业绩，也仅有惨淡的几千辆而已。

不过，上天总是对那些"斗志昂扬"的人偏爱有加。中国入世以后，政府开放车价，夏利、奥拓相继推出3万元左右的低端轿车。这无疑为吉利做了一个免费的广告。老百姓终于明白了，原来3万元的轿车还是能够保证质量的。就此，吉利轿车的销售形势逐渐转好。2001年，吉利轿车全国销售业绩达到3万辆。李书福成功地实现了扭亏转盈。

就是凭借着"不服输"的精神，李书福一步步将自己的梦想变成了现实。若干年来，他先后斩获中国青年改革家、十大明星企业家、新长征突击手、经营管理大师、中国汽车风云人物等多项荣誉，成为中国民营企业的先驱人物。

李书福的故事告诉我们：你为自己设定一个怎样的人生，你的人生就会成为怎样的样子。如果你一直怀揣客观、高远的梦想，并且为之奋斗不已，梦想很容易就会实现，因为成功往往更垂青于那些"斗志强盛"的人。

如果将"斗志"看做是成功的动力，那么毫无疑问，梦想就是"斗志"的导航，梦想是成就人生的一种积极力量。它可以激发出你体内无限的潜能。一个人若想斩获成功，不但要立长志，还要尽其所能地将志向立大。

自知者明

据说，在古希腊神庙——阿波罗神庙的墙壁上，刻有这样一句箴言："认清你自己。"在中国，同样有一句古话："人贵在有自知之明。"由此可见，早在几千年以前，先辈们就已经达成共识，将"认清自己"视为人类的最高的智慧了。

"认清自己"，很简单的一句话，很浅显的一个道理，每个人都在说，很多人都在做，然而时至今日，又有几人能够真正认清自己呢？所谓"不识庐山真面目，只缘身在此山中"，认清自己之难，难就难在人的主观性，尤其是对于那些自我感觉良好、盲目自信的人而言，更是如此。

某日清晨，一只小山羊来到栅栏外，它想吃园内的白菜，可缝隙太小根本无法进入。这时，它不经意间瞥见了自己的影子，在阳光的斜射下，它的影子显得很长、很长……

"原来我竟如此高大，何必非要吃这白菜呢？我可以去吃树上的果子。"

小山羊奔向远方的一片果园，尚未到达目的地，日已近午，阳光照在头顶上，它的影子缩成了很小的一团。

"唉，我这么矮小，看来是没法吃到果子了，不如回去吃白菜吧。"但片刻之后，它又转悲为喜，"我现在这么苗条，钻进栅栏肯定不成问题！"

待小山羊回到栅栏外时，日已偏西，它的影子再度被拉长。

"我为什么要回来？我不比长颈鹿矮，吃树上的果子毫不费力！"

就这样，小山羊往返于果园与栅栏之间，直至天黑仍然饿着肚子……

一个人只有客观地看待自己，才能对事物作出准确的判断。反之，若是脱离基本事实，过高或过低地评估自己，为自己确立一个不合实际的定位，就只能重复着错误的选择，到头来自食苦果。

日本"经营之神"松下幸之助认为，人类应该正确评价自己。能够作出正确判断是一种幸运，如果一个人对自己的评价有误，做了不可做、不该做之事，就会使社会秩序发生混乱。所以，人类对于社会的第一义务是判定自己的价值，也就是要正确地认识、评价自己，这是很重要的。

松下幸之助常常自问："我到底有多少力量？""我的情况究竟如何？"他认为，虽然要完全认清自己比较困难，但心里常常抱有"认清自己"的心态，就会很大限度地减少失误。出于这种心态，若有人告诉他"这行业能赚钱，你可以做"，他是决不会轻易尝试的。因为自己没有力量、没有人才、没有资金，即使具备以上条件，他也会在考虑是否影响其他事业之后，再作出决定。他曾说道："经营事业决不可勉强，不要去违背大自然的规律，而要将自己融入宇宙、融入大自然之中，这才是人类的正常形态。这样的结果所显露出的，才是社会上所谓的成功、成就，或是亿万富翁吧！"

富兰克林也曾说过："如果将宝物放错地方，那它就是废物！"由此可见，认清自己对于一个人的成功是非常重要的。

马克·吐温年轻时曾热衷于投资，但生来不具备经济头脑的他，总是落得一败涂地、血本无归。直至58岁，穷困潦倒的马克·吐温才认清自己，开始一心致力于写作。然后，他用3年的时间还清了所有债务，并最终成为举世闻名的大文豪。

可见，一个人无论有多大的才能，若没有找到合适的发挥场所，就注定要失败。站在人生的十字路口上，当我们面对选择时，首先必须对自己形成一个正确的认知，及时纠正自己的奋斗目标和行动步骤，只有这样，我们才能不断地接近成功。

认清自己，这是实现目标不可或缺的一道程序。纵然我们不能左右命运，但一定要知晓命运，如此一来，你才能够释放出最大的能量；如此一来，成功离我们必然不会太远。

起点低算什么

人生在世，很多事情确实不由我们自己做主。就拿出身来说，一部分人生在富贵之家，自幼锦衣玉食，享受着"高等教育"，无须刻意去奋斗，就能够得到比普通人更多的收获。

然而，这毕竟只是少数人的待遇，多数情况下我们会降生在一个平凡人家。这样的家境，无法为我们搭建有高度的人生起点，因此我们注定要比那些"天之骄子"多付出几倍，甚至是几十倍的努力。当然，你可以去指责上苍的"不公"，但你决不能怨天尤人、得过且过，将大好的青春白白浪费。

事实上，很多成功人士的人生起点同样很低，但他们能够把这种"不公"转换成动力，在平凡的起点上，铆足劲攀上不平凡的高度。而这些人成功的关键因素就是，他们对于生活的态度以及做人的心态。

1876年，在奥匈帝国首都维也纳，罗伯特·巴拉尼带着哭声来到了这个世界。他出生在一个犹太家庭，年幼时不幸患上骨结核病，由于贫困没钱根治，他的膝关节最终落下残疾——永久性僵硬。父母为儿子感到伤心，巴拉尼当然也痛苦至极。然而，尽管当时只有七八岁，但他却懂得把自己的痛苦隐藏起来。他对父母说："你们不要为我伤心，我完全能做出一个健康人的成就。"听到儿子的这番话，父母悲喜交集，抱着他泪流满面。

从此，巴拉尼狠下决心——一定要证明自己不比别人差！父母为儿子的坚强、"好胜"大感欣慰。他们每天交替接送巴拉尼上下学，10余年风雨无阻！巴拉尼也没有辜负父母的期望，没有忘掉自己的誓言，从小学至中学，他的成绩一直在同年级学生中名列前茅。

18岁时，巴拉尼考入维也纳大学医学院，并于1900年获得了博士学位。大学毕业以后，作为一名见习医生，他留在了维也纳大学耳科诊所工作，由于工作努力，颇受该大学医院著名医生——亚当·波利兹的赏识。于是，波利兹对他的工作和研究给予了热情的指导。此后，巴拉尼对眼球震颤现象进行了深入研究和探源，经过多年努力，在1905年5月发表了题为《热眼球震颤的观察》的研究论文。这篇论文的发表，受到了医学界的广泛关注和认同，耳科"热检验法"就此宣告诞生。在此基础上，巴拉尼再度深入钻研，通过实验最终证明——内耳前庭器与小脑有关，从此奠定了耳科生理学的基础。

1909年，著名耳科医生亚当·波利兹病重，他将自己主持的耳科研究所事务及维也纳大学耳科医学教学任务，全部交给了巴拉尼。繁重的工作给了巴拉尼很大压力，但他没有畏惧，他在出色完成工作之余，仍继续着对自身专业的深入研究。1910年至1912年间，巴拉尼先后发表了《半规管的生理学与病理学》、《前庭器的机能试验》两本著作。基于他在科研领域的突破性贡献，奥地利皇家决定授予他爵位殊荣。1914年，巴拉尼又斩获了诺贝尔生理学及医学奖。

巴拉尼一生共计发表科研论文184篇，曾医治好诸多耳科绝症患者。为纪念他的卓越成就，医学界探测前庭疾患试验、检查小脑活动及与平衡障碍有关的试验，都是以他的姓氏命名的。

巴拉尼的起点如何？家庭贫困且自幼残疾，其境况简直可以用"悲惨"来形容！然而，正是困境对于他的激励，才使他心生斗志，并最终取得了堪称伟大的成就。试想一下,假如没有贫困和残疾的刺激,他会怎样?或许会成为一个衣食无忧的平凡人;假如他在困境面前消沉退缩又会怎样?只能在贫困的深渊中越陷越深。幸运的是,他没有这样做,他在父母的帮助以及自己的努力下,用正确的生活态度和规律调整着自己的行为方向。这样,一条康庄大道出现在了他的眼前,将他引出困境,引向一条更有价值、更有意义的人生之路。

起点低算什么?无非是一种磨砺,倘若你能像巴拉尼一样,将磨砺当成激励,用努力去挑战困境,你就一定能够得到别人的认可,令别人对自己高看一眼。

从最易实现的目标做起

如果卢浮宫失火,而你只能抢救出一幅画,你会选择哪一幅?——这是法国一家知名报纸,面向公众发表的有奖竞答题。对此,人们各抒己见,绝大多数人认为,应该抢救达芬奇的《蒙娜丽莎》。毋庸置疑,这些人是在抢救自己认为最有价值的那幅画。

然而,著名作家贝纳尔却给出了一个与众不同的答案——"我抢救距门口最近的那幅画"。是啊,在茫茫火海之中,要找到最有价值的那幅画谈何容易?也许尚未成功,我们便真的"成仁"了。退一步说,即便自己可以全身而退,但谁又能保证那幅画的"生命安全"呢?相对而言,距门口最近的那幅画,虽然未必最有价值,但抢救它绝对是最有把握的。

再回首不难发现,其实在人生旅途之中,我们常常会犯下"绝大多数人"犯的错误。我们壮志满怀、激情澎湃，却往往忽略了目标现阶段的可行性，最终只是徒费精力，事倍而功半。

捷克有一位名叫齐克的年轻人，他在18岁时，已与同伴一起登上了堪称"欧洲第一高峰"的"勃朗峰"。此后，他们毫不停歇，先后登上9座海拔在4000米以上的欧洲高峰。此时，欧洲已经不能满足他们的攀登欲望，于是，这群小伙子将目标锁定在了世界第一高峰——珠穆朗玛峰之上。

攀登珠穆朗玛峰要走很多程序，首先要有签证，其次还要到相关部门申请批文，而且审核人员对登山运动员的条件要求也相当"苛刻"。于是，齐克只得向自己的父亲——一位国际登山者协会的常务理事求助。他在信中对父亲说道："身为一名登山运动员，若不能征服珠穆朗玛峰，就永远不能说是成功。"

不久，父亲即回信给齐克，他在信中给齐克讲述了"贝纳尔巧答卢浮宫失火竞猜题"的故事。看着父亲的回信，齐克沉思良久，他体会到了父亲的良苦用心。父亲是想提醒他：获得成功的最佳目标，不一定是最有价值的那个，而是最容易实现的那个。

在经过理智、客观地分析以后，齐克不得不承认，以他们现在的装备和素质要去征服珠峰，确实是激情大于实力，失望大于希望。既然如此，与其徒劳无功，不如脚踏实地地从最容易实现的目标开始。于是，齐克对其他3名队友说道："一口气吃不成个胖子，现在我们不一定非要一步登天，不如先尝试征服乞力马扎罗山。"

对此，3个队友嗤之以鼻，他们鄙视齐克，认为他是"胆小鬼、""鼠目寸光"、"胸无大志"。结果，大家始终没有达成共识，最终不欢而散、各奔东西。

在此后几年的时间里，齐克一直谨遵父亲的教导，以自身实力为标准，从最容易实现的目标开始。他先后登上了海拔5895米及6893米的乞力马扎罗山和盐泉山，凭借不俗的成绩，被国际登山者协会吸纳为理事会员，并受到捷克国家登山队邀请，担任副教练一职。

2008年初，齐克再一次打破了自己的成绩，在不配备后援人员的情况下，成功征服了世界第七高峰——海拔8172米的道拉吉里峰。

回家后，齐克随手拿起放在桌上的报纸，报纸上大幅刊载着有关他此次登山的图文报道。齐克对此早已司空见惯，但是《捷克探险报》上的一则消息却令他顿时呆若木鸡——"在齐克征服道拉吉里峰的同时，另3名登山队员在珠穆朗玛峰海拔8300处失足坠崖，不幸罹难。他们的名字是……"他们，正是齐克以前的3名队友……

2008年6月，齐克迎来了他实现梦想的日子，他来到珠穆朗玛峰脚下，凭借多年来积累的娴熟技巧及丰富经验，一步步攀到了海拔8844.43米处。傲立在珠峰之上，齐克感慨万千，此时他不禁想起了葬身峰底的队友。他一度是他们眼中的"胆小鬼"，是"鼠目寸光"、"胸无大志"的人，但今天，他却站在了他们所未能达到的高度之上。

人生与登山无异，你做出怎样的选择，或是放下哪些东西，都会直接影响你的一生。如果你一直将目光锁在最高目标上，企图一步登天，往往会适得其反，最终折戟沉沙、万劫不复。

先去抢救离门口最近的那幅画，从最易实现的目标做起，由近及远，一路探索、一路攀登、一路追逐，总有一天你会达到自己心目中的高度。这时你就会明白——唯有顺理才能成章。

将目标"肢解"

古语有云：欲速则不达。驰骋在"股市马拉松"中的选手，倘若一直无法跑到目标的终点，很多人就会启动智慧，采取分段操作的办法。

人生同样如此，志存高远自是无可非议，但首先我们必须在"远大目标"与现实之间找到一些"接力点"。这些接力点虽不是最终目标，却是最近、到达最快的"终点"。到达这些"接力点"于我们的能力而言，应该不需花费太大力气。通过它们，我们可以逐步实现自己的目标。

1984年，日本马拉松选手山本田一在"东京国际马拉松邀请赛"上一举夺冠，一战成名。赛后，记者在采访时问道："请问，您是怎样取得这样好的成绩的？"山本田一笑了笑，答道："我用智慧战胜对手！"对于这种回答，人们当然"不感冒"，谁都知道马拉松比赛较量的是体力与耐力，这与智慧又有何关？

1986年，山本田一在米兰又一次摘金，赛后的记者招待会上，他还是同一番话语。这令大多数人产生一种"丈二和尚——摸不着头脑"的感觉。

直至10余年以后，已经退役的两届马拉松世界冠军山本田一才在自传中道出真相。他写道：每一次比赛之前，我都会骑上山地车把比赛路线仔细观察一遍，并将途中的醒目标志记录下来。例如，第一个标志是某家银行,第二个标志是一棵树木……比赛时,我会将整个赛程分成几段,首先冲向第一个目标,然后是第二个……这样,跑完40多公里的赛程,我也不会感觉有多累。而很多人则不一样,他们心里只有终点,结果还没跑上一半,就会觉得目标遥不可及,就觉得累了,就泄气了。

……

这个世界上,毫无目标的人并不存在,但一直无法实现目标的人确实也不在少数。他们失败的原因有很多,其中一项就是"眼里只有最终目标"。他们在起跑伊始,心中也曾充满激情、充满斗志,然而"行百里者半九十",或许就在距目标不远处,他们被漫长的路程所征服了。他们感到畏惧、感到疲惫,他们没有信心再坚持下去,最终只能遗憾地与成功失之交臂。试想一下,倘若他们能够拥有山本田一样的智慧,将目标"肢解"、为目标分段,是不是就会少了很多遗憾呢?

毫无疑问,山本田一"阶段性实现目标"的方法,很值得我们在工作和生活中加以借鉴。一如小孩子渴望得到赞美一样,人生需要激励,需要一个又一个的成就来刺激自己。当我们成功、成功、再成功之时,人生就会进入良性循环,我们才不会因为懈怠而失败,才能时刻激情四溢,时刻焕发旺盛的斗志。

例如,我们希望在某一年龄段拥有属于自己的车、房,或者只是挖到人生之中的第一桶金。这些愿望对于现阶段"身无分文"的我们而言,或许有些可望而不可即。但若是我们能够将目标肢解,使之成为一个又一个可望、可即的"接力点",那么我们每年、每月甚至是每一天,就都有可能实现一个具体目标。长此以往,聚沙成塔,还有什么样的目标能吓到我们呢?

将目标肢解是一种大智慧,个中富含着深刻的哲理。终极目标的实现，必须是一个循序渐进的过程。在这一过程中，我们务必要将每一阶段的任务落实、做好，用"小成功"不断为自己打气，为下一个目标奠定基础。如此一来，不仅能够有效驱除我们的急功近利之心，消解懈怠心理，同时又能激发我们的自信，锻造我们的抗挫折能力，可谓一举多得，何乐而不为呢？

所以，在人生这个马拉松赛场上，我们不仅要有夺冠的目标，还要考虑它的长期性、艰巨性，将其肢解成若干个切实可行的阶段性目标。这样，每走一步我们都会心中有数，每完成一个目标，我们都会知道下一个终点的距离；这样，我们就不会再被"遥远"吓倒，不会退缩、不会动摇；这样，我们才能步步为营、坚实有力地冲向终极目标。

有去无回离弦箭

在你决定开始某一件事之前，首先要慎重，要考虑清楚"它"究竟值不值得去做，但在开始之后，就决不可以轻易放弃。诚然，在当今这个时代，计划确实没有变化快，但这决不是你放弃的理由。要想生存，你就必须学着去适应这种变化，而不是因变化放弃自己的目标。在这个过程中，你可能会遇到很多困难，承受很大压力，但只要眼睛盯住前方，凭借坚韧的毅力，射出去的箭就一定可以正中靶心。

朱威廉出生在美国南加州，父母都是上海人，经营着一家中餐厅，在经过最初的艰苦之后，生活变得越来越富足。大学时，朱威廉攻读的是法律，然而出于对警匪片的喜爱，他从小就立志要当一名警察。终于，在大学末期，他前往洛杉矶当了一年的警察。不过，父母觉得这一职业太过危险，非常担心他的安全，所以更希望他能够回家继承家业。

然而，朱威廉并不喜欢经营餐馆，他觉得这种工作太过枯燥，与自己向往的生活相去甚远。而且作为一个男人，在自己家中做事，完全不能体现自我价值，没有独立的感觉。所以，虽然朱威廉为不使父母担心而放弃了警察职业，但他始终没有同意经营餐馆。

当时，中国正处于高速发展时期，许多外商都选择在中国投资。于是，1994年，朱威廉带着3万美金来到上海。他想的很天真，以为来了就可以成就一番大事业。可到了上海他才发现，自己的想法竟是如此幼稚——别人投资动辄几十万甚至几百万美金，而自己只有区区3万。而且，他一到上海就住在了高级宾馆中，每晚至少要花费200美金。半年之内，朱威廉连续搬家，从五星到四星、三星、两星、一星、没星，最后落魄到租住在一间20多平方米的旧民房里，连空调都没有。这时候，他的口袋里只剩下几千美金了。

到了山穷水尽的时候，他也打过退堂鼓，觉得在中国做事业太难，人多，竞争也大。有一次，他都到了机场，甚至连行李都已办完托运。可坐在机场休息大厅里一想："就这么回去多没面子啊！"以前来自家餐厅吃饭的多是中国人，很多人都会大叫："我要回中国做生意去了。"但过了三四个月，再回来以后，就什么都不说了。在朱威廉看来，这些人就像是夹着尾巴逃回来一样，往往成为大家的笑柄。如果就这样回去，那岂不是和他们一样了吗？这会被朋友笑死的！

于是，在飞机起飞前，朱威廉又决定重整旗鼓，从头开始，背水一战！

创业之初，他只有一个15平米的办公室、一台从美国运来的苹果机，后来招聘了两名员工，有了一点儿小小的知名度。那时，朱威廉还亲自跑业务，并且一连做成了几笔小生意。有了成绩，他又在大学里招了几名员工。可是好景不长，他的业务经理挖了自家墙角，将大部分员工带走另起炉灶。朱威廉的账户里就只剩下两三百元人民币了。这件事给了他很大刺激，同时也给予了他极强的动力，他越发努力起来。几年以后，他获得了"沪上直邮广告大王"的美誉，他的总公司设在上海，员工人数达90余名，此外，在北京、重庆，朱威廉又都设立了分公司。1997年，他的公司成功加盟世界上最大的广告集团。

刚到上海时，朱威廉觉得中国的人文环境与美国文化背景差异很大，总是和人沟通不到一起去。他几乎没有朋友，一个人很孤独。于是，朱威廉经常在网上写些东西。开始的时候，他只是放到其他网站上，后来就想拥有一个属于自己的、比较安静的"地盘"，可以让大家都来真诚地写点儿东西，互相交流一下。在这种想法的驱使下，朱威廉开设了"榕树下"网站。他先把自己写的东西放上去，后来，"路过此地"的人也开始投稿。这些文章一开始都是先投到他的信箱中，由他编辑好后再放到网站上，这样就可以控制稿件的质量。开始时，每天只有一篇、两篇，后来越投越多，多到每天接近上百篇。这样一来，朱威廉一下班就得回家进行更新，根本没有时间处理其他事情。有一次他去伦敦开会，在那里更新网站，结果花了1000多英镑。

长此以往不是办法，他决定成立一个编辑部。1999年1月，"榕树下"编辑部正式成立，设有十几位编辑，原来都是"榕树下"的作者。当时他做梦也没想到，"榕树下"后来会成为影响网络文学发展的一个重要网站。朱威廉以自己广告公司的盈利来养"榕树下"，仅在最初的半年，开支就超过了百万元，但他并没有后悔，因为"榕树下"的点击率、访问人数在成倍增长，越来越多的人喜欢上了"榕树下"。

作家王安忆曾说道："榕树下"是"前人栽树，后人乘凉。"这让朱威廉非常感动，或许这正是对他坚持理想的一个最大赞誉。

第一章 优化"导航系统"——定位准确，才能成功登陆开弓没有回头箭,箭簇一旦射出,必然是有去无回。人生同样如此,迈出脚步以后,若发现路上设有障碍,不妨绕过去或是另辟途径,但绝对不能后退到原点,这是有理想、有抱负的年轻人必须奉行的一种坚持!

突破自我瓶颈

成年章鱼的体重可达 70 磅,如此一个庞然大物,却拥有极度柔韧的躯体,若是它愿意,几乎能够将自己塞进任何一个地方。

章鱼最喜欢的事情,莫过于藏身海螺壳之中,待鱼虾靠近,突然发出致命一击——咬住它们的头部,瞬息注入毒液,然后美美地享用一顿。针对章鱼的天性,渔民们想出了一个绝招——他们用绳索将很多小瓶子串联在一起,投入海底。章鱼们一发现小瓶子,便趋之若鹜,最后成了渔民的"囚徒"。

事实上,将章鱼困住的并不是瓶子,而是它们自己。瓶子是死物,它不会主动去囚禁章鱼,反而是它们喜欢往狭小的洞口里钻,最终葬送了卿卿性命。

现实生活中,很多人的思想正与章鱼一样,他们一旦遭遇瓶颈,只知道将自己困于瓶底,却不懂得去突破、去争取。久而久之,他们的思想越来越狭窄,逐渐失去了原有的光芒。

西方有句名言:"一个人的思想决定一个人的命运。不敢向高难度的工作挑战,是对自身潜能的束缚,只能使自己的无限潜能浪费在无谓的琐事之中。与此同时，无知的认识会使人的天赋减弱，因为懦夫一样的所作所为，不配拥有生存状态之下的高层境界。"

事实上，一个人只要勇于突破自己的心态瓶颈，突破极限约束的阻碍，成功就不会太远。

举重项目之一的挺举，有一种"500磅（约227公斤）瓶颈"的说法，也就是说，以人体极限而言，500磅是很难超越的瓶颈。499磅纪录保持者巴雷里比赛时所用的杠铃，由于工作人员的失误，实际上已经超过了500磅。这个消息发布以后，世界上有6位举重好手，在一瞬间就举起了一直未能突破的500磅杠铃。

一位撑竿跳选手，苦练多年亦无法越过某一高度，他失望地对教练说："我实在是跳不过去。"

教练问道："你心里在想什么？"

他回答："我一冲到起跳位置，看到那个高度，就觉得自己跳不过去。"

教练告诉他："你一定可以跳过去。把你的心从竿上摔过去，你的身子也一定会跟着过去。"

于是，他撑起竿又跳了一次，果然一举跃过。

心，可以超越困难、突破阻挠；心，可以粉碎障碍；心，最终必会达到你的期望。然而，成功的最大障碍，往往又是你的心！是你面对"不可能完成"的高度时，心为自己设定的瓶颈。

勇于向极限挑战，这是获得高标准生存的基础。现实之中，很多人如你一样，虽然才华横溢、能力不俗，却具有一个致命弱点——缺乏挑战极限的勇气，只愿做人生中的"安全专家"。对于偶尔出现的"大障碍"、"大困难"，他们不会主动出击，而是觉得"不可能克服"，因而一躲再躲、畏缩不前。结果，终其一生也未能成事。

| 23 |

勇士与懦夫在世人心目中的地位，有着天壤之别。勇士受人尊崇，走到哪里都能闯出一片天地；懦夫遭人冷眼，不受人尊敬，很难得到重用。一位企业老总在描述自己心目中的理想员工时，曾这样说道："我们所急需的人才，是有奋斗、进取精神，勇于向'不可能完成'的任务挑战的人。"可见，勇于向"瓶颈"挑战的人如同"明星"一般，是人们争相抢夺的"珍品"。

在当今这个竞争激烈的大环境下，如果你一直以"安全专家"自居，不敢向自己的极限挑战，那么在与"勇士"的对抗中就只能永远处于劣势。当你羡慕，甚至是嫉妒那些成功人士之时，不妨静下心想想：他们为何能够取得成功？你要明白，他们的成功决不是幸运，亦不是偶然。他们之所以有今天的成就，很大程度上，是因为他们敢于向"瓶颈"挑战。在纷繁复杂的社会中，若能秉持这一原则，不断磨砺自己的生存利器，不断寻求突破，你就能够占有一席之地。

渴望成功，这是每一个人的心声。若想实现自己的抱负，从现在开始，你就不能再躲避，更不要浪费大把的时间去设想最糟糕的结局，头脑中不断出现"不能完成"的念头——因为这等于是在预演失败。

想要从根本上克服这种障碍，走出"不可能"的阴影，跻身于上流社会，你必须拥有足够的自信，用信心支撑自己完成别人眼中"不可能完成"的事情。

当然，在灌注信心的同时，你必须了解"不可能"的原因，看看自己是否具备驾驭的能力；如果没有，先把自身功夫做足、做硬，"有了金刚钻，再揽瓷器活儿"。要知道，挑战"瓶颈"只会有两种结果——成功或是失败，而两者之间往往只有一线之差，这不可不慎。

总而言之，极限绝非不可逾越，不可逾越的只有你心中的那道坎。如果你想提升自己的价值，改变自己的生存环境，就必须努力去跨越这道坎。这样，你的人生才不至于黯淡无光。

第二章 优化"竞争力"——让自己变得不可替代

时代在发展,竞争形势愈演愈烈。所谓人才,必须在学有所长的基础上懂得灵活变通,用你所掌握的知识、技能去盘活人生,创造最大的价值。否则,你就只能眼睁睁地看着别人先己一步将成功抢在手中,只能眼睁睁地看着自己在竞争中惨遭淘汰。

不要抱着文凭睡懒觉

　　文凭或许能够成为你步入职场的"敲门砖"，但它决不是社会进步的推动力。社会需要的是那些德才兼备、有知识更有能力的人。仅凭镀金的文凭不足以将你推向成功，没有货真价实的本领，社会一样会将你淘汰。

　　曾几何时，社会上流行"考证热"。想找一份好工作怎么办？容易！拿下学位证、英语等级证、计算机等级证，以及各类资格证书。因为在那时，证书越多就代表你越有才干。

　　报纸上曾有过这样一篇报道：某名牌大学高才生，在学校里是个"十项全能"的风云人物，各种证书装了满满一抽屉。但天有不测风云，就在他毕业前夕，一场意外之火烧掉了他的全部家当。他自信能力过人，也就没有急着补办证书，只是请老师开了一个证明。没想到，招聘会一开始他就吃了大亏——各家企业对他才情并茂的自荐信根本不屑一顾，却一再追问他拥有什么证书。尽管他亮出了学校的证明，但最后，对方还是客气地请他走人了。眼看同学们都找到了不错的工作，只有自己毫无着落，他心急如焚——哎！真是"企业大门朝南开，有才无证莫进来！"最后，他还是在拿出补办的各种证书以后，才找到一份工作。

　　时过境迁，今时今日各企事业单位已然理智了很多。这是因为，它们先前所招聘的"高文凭者"，大多眼高手低，只挑高管职位，却没有实干能力，给企业造成了很大负担。于是，现在的企事业单位越来越重视员工的能力了。

"拥有哈佛学位，在世界任何一个地方都能混得开"——不少怀揣"哈佛梦"的人都这样认为。那么，哈佛到底有多神？哈佛学子真能各个成功？哈佛的理念真能在中国的土壤上生根发芽吗？未必如此。拥有哈佛文凭却没有能力，有时连工作都难找到的人，其实也并不少见。

汉斯毕业于哈佛大学，在校时他的成绩出类拔萃，财务、会计等课程门门优秀。投资银行很需要这样的人才，而他也希望能够进入金融领域工作。但先后几次面试，他却一一败下阵来。在学校，他确实是个首屈一指的优等生，但不知为何，偏偏在面试时怯场。哈佛的口才培训课程，看上去在他身上并未起到良好的作用。更恼人的是，甚至连那些成绩一般的学生都可以被录用的二流企业，也对他置之不理。最后，他准备的面试公司名单上，就只剩下了一家地方企业。由于连续的挫折，汉斯饱受打击，他消极地想：我的大学时代就是在这个城市近郊度过的，回到这里有什么不好？

面试开始以后，汉斯感受到一种前所未有的好气氛——面试官是一位平易近人的年轻人，而且毕业院校与自己的母校有着良好关系，所以二人谈得非常融洽。汉斯心想：这次应该没问题了吧！

然而，当面试官问道"你希望加入我们公司，其出发点是什么"时，汉斯懵了。

说实话，他原本没想到会来这最后一家候选公司面试，所以准备很不充分，对该公司的情况知之甚少。慌乱之中，他只能把有关投资银行的知识拿出来应付场面，毫无疑问，这又犯了一个致命错误。他的话音刚落，面试官便默默地站起身来，打开房门，做出一个"请"的手势："对不起，我们公司可不是投资银行。以前不是，现在不是，将来也不打算成为投资银行。不过你的发言还真让我吃了一惊。迄今为止，把我

第二章 优化「竞争力」——让自己变得不可替代

| 27 |

们与投资银行搞混的人，你还是第一个。请记住，我们公司是美国屈指可数的几家资产管理公司之一，真不知你是怎么从哈佛毕业的。"走出该公司很长时间，面试官的话依然在汉斯耳边回荡着……

　　与汉斯拥有相似遭遇的哈佛毕业生不在少数，他们往往也能找到一份属于自己的工作，但决不是人们想象中的那样，依靠着哈佛的毕业证书，而是凭借着他们自身的出色能力。

　　能力才是生存的最佳保障，是职场上最可靠、最有效的通行证。随着社会的发展、竞争的日趋激烈，那些不思进取、只知"抱着文凭睡懒觉"的无能之辈，迟早会被社会所淘汰。所以，若想在社会中处于不败之地，从现在开始你必须正视自己，抛除"文凭就是一切"的错误观念，用行动为自己充电，用能力来为自己加分。

做终身学习的典范

　　众所周知，毛泽东主席可谓是终生学习的典范。他在延安时，就曾大力倡导干部们加强学习——"年老的同志也要学习，即使我还能再活10年死，也要学9年365天。"毛泽东一生读书之多、之广、之深、之活，世所罕见，但他并没有就此满足。他曾不止一次说过"三天不学习，赶不上刘少奇"。这不仅是对刘少奇同志的一种夸赞，同时也是对于自己的一种激励。在他看来："学习的敌人就是自我满足，要认真学习一点儿东西，必须从不自满开始。"

　　毫无疑问，学习，就是我们"点石成金"的手指，是我们立足于社会的根本。在"千军万马过独木桥"的今天，唯有懂得学习、会学习的人，才能在芸芸众生中脱颖而出，摘下属于自己的胜利果实。

"学"无止境，每一个志在成功的人，必须不断在工作和生活中学习新的知识、汲取新的养分，借以不断提升自身的能力。要知道，在知识"折旧"的过程中，即便是原本可以"点石成金"的手指，也会逐渐失去光泽，最终变得与普通手指一般无二。

这种情况在风云变幻的职场中，表现得尤为明显。行业在发展，公司在壮大，每天会都有思维活跃、能力不俗的新人或是业内资深人士，"闯进"你所处的领域或公司。对于他们的到来，你将采取何种姿态加以应对？若依旧自以为是、不思进取，继续在那里原地踏步，即便你曾拥有"赫赫战功"，也终会被新锐所取代。

现实告诉我们，想要生存，就必须及时更新自我，只有不断学习新的技能、不断提升自身价值，才能增进自己的竞争优势，才不会被新锐力量"篡位夺权"！

美国 ABC 晚间新闻当红主播——彼得·詹宁斯，曾一度辞去令人艳羡的主播工作。他毅然决定前往新闻第一线磨砺自己。这段期间，他从事过普通记者工作，做过美国电视网驻中东特派员，而后又被派往欧洲地区。

历练过后，当他再度回到 ABC 主播台时，已由略显青涩的"初生牛犊"，转型为成熟稳健的主播兼记者。他受观众欢迎的程度在台内简直无人可比，他的事业俨然又上升了一个高度。

彼得·詹宁斯的过人之处在于，他在跻身行业翘楚之列以后，并没有妄自得意、骄傲自满，而是选择将自己"下放"，继续为自己充电，从而使得自己的事业再次走向了高峰。毋庸置疑，彼得·詹宁斯的这种人生态度，是很值得我们学习的。对于我们而言，若想在人生之中有所建树，无论你身处哪一个岗位、从事何种事业，都不能停下学习的步伐。你应该清楚地意识到，知识、技能是事业的基石。在它们能够支撑你的事业时，决不能懈怠，以致落在时代后头；当它们不能达到事业要求时，你必须加重学习任务，以适应时代的变化。如此你会发现，在瞬息万变的信息时代，学习就是安身立命、开创天地的一把利器，只有通过学习来超越自我，你的人生才会更有意义。

反之，若是一味沉浸在以往的成就中洋洋自得、不思进取，不去学习以适应社会发展的能力，你的人生就一定会受到阻碍，甚至停滞或是倒退。

你应该知道，当今的企业对于不思进取的人，根本毫无情义可言。每一名员工必须对自己的工作技能负责，必须不断提升自己的价值。竞争是残酷的，你不去征服它，就只能被竞争所淘汰。

现如今，知识、技能"折旧"的速度越来越快，未来职场的竞争，将会逐渐由技能竞争转化为学习能力的竞争。一个善于学习且能够坚持学习的人，势必为社会所青睐，前途必然会一片光明。

坚持学习，你就能掌控住每一个成功的机会；坚持学习，你"点石成金"的手指就一直不会褪色。对于一个人而言，坚持学习是成功不可或缺的条件。

触类旁通，学以致用

古语有云："读书不见圣贤，如铅椠庸；讲学不尚躬行，如口头禅。"其意为：枉读诗书，却不能参透先贤的神髓，最后只能成为一个卖字先生；教书却不能身体力行，和一个只会念经却不懂佛理的和尚一般无二。

所谓"全信书，不如无书"。固有知识是前人在探索世界以后，总结出的直接经验，对于你而言则是一种间接经验。学习和继承前人的成果，确实可以让我们少走很多弯路，但若想知识真正成为事业的推动器，我们就必须摒除只重理论，不注重实际运用的错误做法。

事实已经证明，科学上的进步、技术的革新、社会的发展，就是一个不断提出疑问、解决疑问的过程，即一个从无疑到有疑、从有疑到释疑的过程。人生同样如此，若想推开事业的大门，我们必须要学，但决不能学"死"，要敢于提出质疑，要懂得触类旁通，学以致用。反之，如若一味抱残守缺，拘泥于固有知识、经验，就不会有什么创见。

有这样一个笑话：

某家有三子，整日游手好闲，毫无所长，父母大为苦恼。某日，二老商量，要将三子送出去学门手艺，以免自己归天之后，他们被活活饿死。翌日，老两口对三子道及此事，三人听后踌躇满志，二话不说便带着盘缠上路了。

走到一个三岔口，三子停下休息。这时老大提议，三人各选一条路走，一年后无论学成与否，都要到此汇合。两个弟弟表示同意，于是老大走中，老二走左，老三走右，分头而去。

老大来到一座山中，恰巧碰见一个猎人在打猎。只听见一声枪响，一只松鸡便应声而落。老大见后羡慕异常，走上前去低头便拜。猎人执拗不过，只得收他为徒。

老二来到一座村庄，由于天热口干，便向一户农家讨水喝。恰巧屋内有一个补锅匠正在为主人家修补漏锅，老二见后觉得这是一门可以谋生的手艺，便拜在了补锅匠门下。

第二章 优化『竞争力』——让自己变得不可替代

老三同样来到一座村庄。适逢某家正在举丧，亲戚们都围棺而哭。老三不解，问道："人死了，你们为何要哭？"主人答道："这是对逝者的不舍与怀念！"老三仍一头雾水，便要求对方教他。主人闻言大为恼怒，老三见状说道："如果你肯教我，我给你银两。"看在钱的面子上，主人便答应了他的请求。于是，丧礼过后，不管是东家死人，还是南家办丧，师傅都会带着老三去哭灵。

时光如梭，转眼过了一年。三子各有所成，老大已经学会了猎人的绝招——"见飞打"；老二也已掌握了补锅匠的看家本领"见洞补"；老三则通晓了"见死哭"。想起临别时的约定，三子拜别师傅，匆匆赶往汇合地点。老大在三岔口左等不见老二，右等不见老三，只得自己先行回家。

到家后，他发现一只蚊子正趴在父亲脸上，于是抬手一枪，蚊子扬长而去，父亲应声而倒……老二回到家中，发现父亲已经辞世，脸上有一个大洞，于是二话不说，拿起工具就去补；老三赶回，见此情景，扑上去大哭起来……

笑话虽可笑，但却蕴藏着人生哲理。《礼记》有言："博学之，审问之，慎思之，明辨之，笃行之。""学"是为了掌握一技之长，以此安身立命，谋求发展。"技"是死的，但人是活的，若不能把学来的"技"活用起来，只知固守成规，见飞就打、见洞就补、见死就哭，到头来，只会成为别人眼中的笑话。

时代在发展，竞争愈来愈烈。所谓人才，必须在学有所长的基础上，懂得灵活变通，用你所掌握的知识、技能去盘活人生，创造最大的价值。否则，你就只能眼睁睁地看着别人先己一步将成功抢在手中，只能眼睁睁地看着自己在竞争中惨遭淘汰。

兄弟二人就读于同一所大学的市场营销专业，毕业后来到了同一家公司。

一年以后，公司老板提拔哥哥当了营销主管，弟弟感到很委屈。他觉得自己比哥哥更加守纪尽责，读书时成绩也比哥哥好，而公司却提拔了哥哥，难道是因为自己没有和老板搞好关系？

弟弟的想法完全被老板看在眼里。一天上午，他不动声色地将弟弟叫到办公室，让他去一家市场调查白菜的行情，然后回来向他报告。

弟弟来到市场以后，看到那里只有两个摊位，且卖的都是鸡蛋。于是，他返回公司向老板报告："市场上不卖白菜，只有两个卖鸡蛋的摊位，所以我无法了解白菜的行情。"

老板听后让弟弟暂且坐下，又叫来了哥哥，并指派了同样的任务。

哥哥走后，老板对弟弟说："看看你哥哥是怎么做的。"

一段时间以后，哥哥走进办公室："卖白菜的人已经走了，经过打听得知，今天的白菜售价是每千克0.3元，销路很好；现在市场上只有两个卖鸡蛋的，价格为每千克5元。据卖货人讲，近期鸡蛋货源非常充足，如果想大量购买，价格还可以降低。如果您想要进一步的资料，我可以把卖鸡蛋的人找来。"未等老板讲话，弟弟就已经羞愧地走出了办公室。

其实，这样的事例在生活中不胜枚举。例如：当一些城市人来到农村以后，很多人甚至分不清麦苗与韭菜。之所以会这样，是因为一些城市人只是在书本上见过麦苗与韭菜，却没有感性上的认识，而农村人因为接触得多了，所以能分辨得一清二楚。

由此可见，在人生中求发展，在社会上求生存，光"学"是远远不够的。如果你不能将学到的知识、经验进行加工整合，变成自己的东西，就永远都不可能得到真正的学问。这也是人类进步的一种要求。

玩转时间

某日，在富兰克林的报社商店，一位顾客问道："小姐，请问这本书的售价是多少？"

"哦，1美元。"

"1美元，还能打折吗？"

"对不起先生，这是最低售价。"

顾客沉思片刻："请问富兰克林先生在吗？"

"是的，他在，正在印刷室工作。"

"那么我想见见他。"在顾客的一再要求下，店员只好将富兰克林请出来。

"请问富兰克林先生，这本书的最低售价是多少？"

"1美元25分。"富兰克林立即答道。

"刚刚店员告诉我是1美元。"顾客有些不满。

"是的，但我宁可给你1美元，也不想中断工作。"

"那么富兰克林先生，这本书到底多少钱？"

"1美元50分。"

"怎么？"

"这是我现在能给出的最低售价。"

顾客无语，到柜台交了钱，默默地走出书店。

……

毋庸质疑，富兰克林用自己的言语和行动，给顾客上了一堂人生课。他想告诉对方：对于立志成功者而言，时间就是金钱。对于时间，我们只能珍惜，不能浪费。

时光匆匆，人生短暂，我们不能在时光消逝以后再去后悔、再去空叹，而应利用好今天的每一分、每一秒，用有限的时间去创造无限的人生价值。

"你热爱生命吗？那么就不要浪费时间，因为时间是组成生命的材料。"成功或是失败，很大程度上取决于你怎样去分配时间。一个人的成就有多大，要看他怎样去利用自己的每一分钟时间。

小张与小赵同住在乡下，他们的工作就是每天挑水去城里卖，每桶2元，每天可卖30桶。

一天，小张对小赵说道："现在，我们每天可以挑30桶水，还能维持生活，但年老以后呢？不如我们挖一条通向城里的管道，不但以后不用再这样劳累，还能解除后顾之忧。"

小赵不同意小张的建议："如果我们将时间花在挖管道上，那每天就赚不到60块钱了。"二人始终未能达成一致。于是，小赵每天继续挑30桶水，挣他的60元钱，而小张每天只挑25桶，用剩余的时间来实现自己的想法。

几年以后，小赵仍在挑水，但每天只能挑25桶。反观小张，他已经挖通了自来水管道。每天只要拧开阀门，坐在那里，就可以赚到比以前多出几倍的钱。

其实在现实生活中，很多人正和小赵一样。他们在工作中懒懒散散，每天眼巴巴地看着钟表，希望下班时间早点儿来到，好结束这"枯燥"、"乏味"的工作；回到家中，他们依然如故，除了洗衣、做饭、吃饭、睡觉，以及必要的外出，几乎就等待新一天的到来。他们得过且过，眼中只有那"60元"钱，不断在时光交替中空耗生命。但他们却丝毫不知，自己正在浪费生命中最珍贵的东西。

放眼中国，现阶段就业空间有限，各行业、各领域人才济济，高学历、高能力者比比皆是。每一个人，包括那些自主创业者，都将面临最残酷的竞争考验。这种形势下，公司不再是你生活品质的保障，更无法保证你的未来，难道我们就坐以待毙吗？换言之，既然是我们自己的未来，为什么要把它交托给别人？为什么不把时间合理地利用起来，让自己随着时间的推移，变得越来越强大？

倘若你不满意今天的生活，那就应该反思几年前的行为；倘若你希望几年后有所改变，那从今天起就要学会好好利用时间。每天挑30桶水能赚60元钱，那生病时、年迈时又该如何？倘若能在保证正常生活的情况下"玩转"时间，打通一条通向未来的管道，岂不是等于购买了一份"养老保险"？

业精人乃强

很多人总是喜欢抱怨上天不公，抱怨自己怀才不遇，未能人尽其才，甚至因此不思进取、自暴自弃，最终沦为时代的淘汰品。俗话说得好："三百六十行，行行出状元，"为什么一块普通的铁块，在某些铁匠手中能够成为将军手中的利刃，而在另一些铁匠手中只能成为农夫手中的锄犁？答案很简单，前者精于本业，不断锤炼自己的专业技能，后者不思进取，只求草草谋生。

戴尔·卡耐基曾经说过："与其抱怨别人不重视我们，不如反省自己，不断提高自己的能力。"倘若我们能够在自己所处的领域中，以饱满的热情、一丝不苟的态度、不断进取的精神，去迎接看似枯燥乏味的事业，相信你就一定能够实现自己的人生价值，一定能够获得荣耀与肯定。

多年以前，一位年轻的大学生被派往新斯科舍省进行勘测。这片土地非常贫瘠，到处是花岗岩和鹅卵石，进行工作时只能完全依靠徒步行走。这里几乎没有肥沃的土地和珍贵的木材，乍看上去，它根本不值得人们如此艰辛地加以勘探，因为似乎没有什么发展前景可言。很显然，这位年轻的大学生面临着一系列考验，但他始终秉持原则，尽最大的努力去从事这项工作。

即使在10年以前，调查所及的1550平方英里的范围内，也不过居住了26个人而已。此后不久，人们在这里发现了黄金。这个重要的矿脉线索使人们认识到，要想成功地找到黄金，需要调查人员做出精确的勘测。后来，专家们在年轻的大学生已经取得的成果上继续勘探，他们不断、反复地考察，以确定黄金矿脉的准确位置。在他们非常细心地完成这份工作以后，政府最优秀的勘测员宣布：我们已经没有必要再进行这项工作了，因为那位年轻的大学生在这一方面所做出的每一个结论，都达到了最高水平。

你想了解这位年轻的大学生细心调查完"新斯科舍"后的人生经历吗？他就是威廉·道森，如今蒙特利尔市麦克吉尔大学的教授。因为精心于自己的工作，他的人生取得了极大成功。

要完成某项工作，需要的是技术；而要努力使它变得完美，则是一门艺术。

美国著名成功学大师詹姆斯·克拉克曾这样说："下面谈到的，是培养人类想象力的方法。首先，要学会欣赏天空、大地和海洋的美，学会欣赏精神与肉体的美，学会欣赏生活和行为的美，学会欣赏社会和艺术的美,所有这些美都源于上帝。我们也要学会创造美。我们要在生活中的各个方面去追求完美,要坚持不懈地学会更周密地思考、更严谨地表达、更真实地生活,出色地完成一切。"

有一句名言:"要想做好,就要做到善始善终。"要完成一项有价值的工作,就得花很长的时间,付出很大的努力。只有对工作用心负责,一个普通工人才能变为专家。不管是对于老板,还是对于普通职员来说,都应该忠于职守,高效地完成本职工作,尽自己的最大努力把它做好。

一个人若是马马虎虎、三心二意地面对人生,那么他就会被人生所抛弃。社会要求我们把事情做得更好。当更有才华的人出现之后,那些懒散、对工作敷衍了事、心不在焉的人,就只能被淘汰。尽力而为,这是世界对于我们的期望,这是社会对于我们的要求,这是我们对自身的忠诚。

乔治·埃里奥特在他的诗歌——《斯特拉迪里瓦的提琴》中,很贴切地表达了上述思想。诗中描述的是一位小提琴制造者,他制造的一些小提琴已有200余年历史,价值仍高达5000或10000美元。如果用黄金来衡量,它所值的黄金甚至是自身重量的数倍之多。

无论处于何种境地,无论我们所从事的事业是多么琐碎,一旦承担下来,就要把它做精、做好,这是生存的准则。要知道,只有在小事上细心勤勉的人,才能被委以重任;只有竭尽全力投身于工作之中,不断超越、完善自身能力的人,才能够有所成就,才能够进一步发展和提升自己。

人的力量和才能,只有在不断地运用中才能得到发展。如果你只付出了一半的努力,并就此满足,那么你就浪费了另一半才能。如果你认为自己完全可以从事更重要的工作,而现阶段你的工作又微不足道,那么你完全不必为此感到伤心和烦躁。你要知道,如果你具备非凡的才能和卓越的品质，不管你的地位多么卑微，终有一天会出人头地。

认真地、勤勉地完成自己的本职工作，不断在工作上有所突破，机遇必然会随之降临。相反，如果你在从事工作时，缺乏基本的责任心和进取态度，那么注定永远是个失败者。请务必记住：业精人乃强！

盖茨最依赖的女人

进入21世纪，职场对于我们提出了更高要求，它要求每一名职场员工必须具备良好的道德、忠诚度、专业技能……即必须在综合素质方面表现突出。倘若你无法做到，很遗憾，你的职业发展必然会遭遇桎梏，你永远也不会得到成功！

反之，如果你能够承担起自己的职责，在工作中积极进取，恪守职业道德，你就会成为一名不可替代的人才，就会令老板割舍不下。你的价值、薪金、职位、团队影响力等等，都会随之得到大幅提升。如此一来，你必然能够更快捷地实现自己的人生目标。

微软总裁比尔·盖茨的第一任女秘书是一位年轻貌美的女大学生。她除本职工作以外，对任何事都漠不关心。其实在盖茨心里，自己的女秘书应该是一位能够将后勤工作事无巨细全部揽下的"总管"，因为他有太多重要的工作需要处理，实在不能再分心。于是，盖茨找来总经理伍德，要求他立即解聘现任秘书，并尽快为自己找到一位新"总管"。

伍德领命后，便开始了招聘工作。几天后，他在办公室一连向比尔·盖茨递交了几份应聘资料。盖茨看后摇头不语——他需要的不是"花瓶"，而是一位成熟干练、稳重心细的女秘书。

"难道就没有更合适的人选吗？"盖茨明显有些失望。见状，伍德很犹豫地递上一份资料，口中说道："她曾从事过文秘、财会、行政文员等后勤工作，只是年纪大了一些，而且已是4个孩子的母亲，恐怕会有家庭拖累……"

盖茨迅速扫了一眼资料，马上打断伍德的话："只要她能胜任工作，又不会厌烦琐碎的杂事就没问题。"

这位女士名叫露宝，当时已42岁，应聘时对于自己并无信心可言。但这家公司有点儿怪异——别人招聘秘书都要求年轻靓丽、身材骄人，可他们却偏偏录用了这位"半老徐娘"。上任之初，丈夫曾在她耳边叮嘱："一定要留意公司月底能否发得出工资。"露宝对此未作理会。在她看来，一个年仅21岁的董事长在创业之初一定会遭遇诸多困难，她准备以一个成熟女性特有的细腻周到去完成自己应尽的责任与义务。

比尔·盖茨的工作方法与常人大不相同，他几乎每天都要到中午才来公司，却一直工作到午夜以后，偶尔还会在公司休息。因此，盖茨在办公室的生活，也就成了露宝的重点工作内容。这使得盖茨受到一种犹如来自母亲的温暖，同时也减轻了他对遥远家庭的思念。

此外，露宝在工作上也是盖茨的得力助手。盖茨是位谈判高手，但由于年龄太轻，难免在第一次会见顾客时遭到质疑。他们弄不清眼前这位小个子男孩究竟是不是微软公司董事长，于是，常有电话打到公司进行询问。这时露宝会亲切地回答他们："请您注意留意，他看上去只有十六七岁，满头金发，戴着一副眼镜。如果您眼前的人就是这种形象，那就是我们董事长。所谓'人不可貌相'、'自古英雄出少年'嘛……"一番话语很快消除了对方的疑虑，为盖茨减轻了不少阻力。

盖茨是个工作狂，因为微软距帕克机场仅有几分钟路程，为了尽量满负荷工作，他总是在时间即将到达时才匆匆起程。这样，偶尔难免要强行超车或是闯红灯。为此露宝担心不已，她屡次请求盖茨预留十几分钟去机场，而且一直对他加以督促。

在露宝眼里，公司就是一个大家庭。她对每一名员工、每一项工作，都怀着深深的感情。她负担起了公司大部分后勤工作，诸如发薪、接订单、记账、采购，等等。

潜移默化之中，露宝俨然成了微软的灵魂，为公司创造了巨大凝聚力。包括盖茨在内的所有员工，都对露宝产生了极强的依赖心理。在微软决定迁往西雅图以后，露宝因丈夫的事业不能一同前往，盖茨只得恋恋不舍地与她挥手告别。

3年后，时值1980年冬夜，西雅图浓雾连绵。此时，盖茨坐在办公室中满脸愁容——他太需要一名得力助手了。就在这时，一个"宛如天籁"般的声音响起——"我回来了！"是露宝！她说服丈夫将事业迁到这里，而后一个人先行来到西雅图，因为她一直无法忘记与盖茨相处的时光。

露宝曾对朋友说："一旦你与盖茨共事，就很难再离开他。他精力充沛、平易近人，这会让你工作得很开心。"

很明显，露宝用自己的行动赢得了盖茨的尊重与信赖，成为最令盖茨"割舍不下"的女人，亦成为了微软公司不可替代的一道风景线。

脚踩在地上，你才能借力腾空

生活中，我们都有这样的经验：当你站在沙堆上，无论你怎样用力，都没有在结实的路面上跳得高、跳得远。其实，人生亦是如此，如果你好高骛远，不能踏踏实实地做好工作，不能脚踏实地地做人，就无法为自己的进步打下坚实的基础。

一个人的能力，尤其是专业知识、工作规划以及处理问题的能力，都不是三两天可以培养起来的。也许你一开始的地位低下，能力也不强，但只要你能脚踏实地、勤勤恳恳地工作，你的各方面能力必然会很快得以提高。

无论做什么事，我们都要脚踏实地、全力以赴，这样会使你越发能干，同时你的心智也会成长，可以追求更大的成功。

如果谁好高骛远，那就在人生操作上犯了一个大错误。不要以为可以不经过程而直奔终点，不从卑俗而直达高雅，舍弃细小而直达广大，跳过近前而直达远方。心性高傲、目标远大固然不错，但有了目标，还要为目标付出努力。如果你只空怀大志，而不愿为理想的实现付出辛勤劳动，那"理想"永远只能是空中楼阁，是一文不值的东西。

张爽大学毕业后，被分配到一家电影制片厂担任助理影片剪辑。这本来是一个人在影视界寻求发展的起点，但在10个月后，她却离开了这个岗位，辞职了。

她认为自己这样做的理由很充分：堂堂一个大学毕业生，受过多年的高等教育，却在干一个小学毕业生都能干的事情，把宝贵时光耗费在贴标签、编号、跑腿、保持影片整洁等琐事上面。这怎能不使她感到委屈呢？她有一种上当受骗的感觉，更有一种对不起自己的感觉。

几年后，当张爽看到电视上打出的演职员表名单时，竟然发现以前的同事，有的现在已经成为著名的导演，有的已经成为制作人。此时，她的心中颇有点儿不是滋味。

张爽原来并未看到平凡岗位上的不平凡意义，所以她的辞职行动，为自己关闭了在影视界闯出一番事业的大门。

许多实现了人生目标的过来人都表示：谁也不能"一步到位"，只能"步步为营",唯有如此才有可能成功。因此,人不要把眼睛只盯住眼前,而忽视了自己事业的长远规划。

不能脚踏实地者首要的失误在于不切实际,既脱离现实,又脱离自身,总是这也看不惯,那也看不惯;或者以为周围的一切都与他为难,或者不屑于周围的一切,不能正视自身,没有自知之明。你该掂量自己有多大的本事、有多少能耐,要知道自己有什么缺陷,不要以己之所长去比别人之所短。

脱离了现实便只能生活在虚幻之中,脱离了自身便只能见到一个无限夸大的变形金刚。不能脚踏实地,只能在空中飘着,那所有的远大目标也只不过是海市蜃楼。

有时,某些人看似一夜成功,但是如果你仔细看看他们过去的奋斗历史,就知道他们的成功并不是偶然得来的。他们早就投入了无数的心血,打好了坚固的基础。

全世界找到最大的一颗钻石的人,他的名字叫索拉诺。他找到了一颗名为"Libmtor(自由者)"的全世界最大的钻石。可是没有人知道索拉诺在找到这颗钻石以前,他已经找到过100万颗以上的小鹅卵石大小的钻石,直至最后才找到"Libmtor"。

决心获得成功的人都知道,进步需要一点一滴地努力。就像"罗马不是一天建成的"一样,房屋是由一砖一瓦堆砌成的;足球比赛最后的胜利是由一次一次的得分累积而成的;商家的繁荣也是靠着一个一个的顾客逐渐壮大的。所以说,每一个重大的成就,都是由一系列小成就累积而成。

请千万记住一点:任何事情的发展都需要一个逐步提升的阶段性过程,任何宏伟目标的实现都需要一个逐步积累的时期。

事业成功与工作态度,就像车身与车轮一样,如果你不让车轮着地,汽车就永远不可能驶向远方。

你的形象价值连城

形象一如名片,没有它,你或许就会与一次次的机遇擦肩而过。事实上,所有魅力无限的大企业家、行业领袖及政治家等等,其言行举止都是经过专门塑造的。

一个对形象注意有加的人,往往会在人群中得到信任,更能在逆境中获得帮助,也必定能够在人生中不断找到成功的机会。事实上,他们是在用自己的形象、魅力影响着别人,最终成就了真正精彩的人生。

在西方流传这样一句名言:"你可以先将自己打扮成那个样子,直到自己成为那个样子。"使自己看起来更像个成功者,这更有助于你打开事业之门,让你在人群中脱颖而出。例如:在选举时,若是你"像个领导",人们会因此更愿意投你一票;晋升时,若是你"像个主管",你更容易得到老板及同事的认可;商业往来中,若是你"像个成功商人",对方会更愿意相信你的公司,也愿意与你洽谈贸易。

英国著名学者尼克森表示:"人们常用3个词汇描述成功者——性格、能力、形象。这是因为人们已在潜意识中为成功者做好定义,而当今的管理界刻意回避对成功者外在形象的研究,这是背离现代管理思想的。"志在成功的人,倘若只专注于能力,却忽视形象,其成功速度必受影响。

埃丝黛·劳德有"化妆品王后"之称,她身价高达数十亿美元。此外,她耀眼的形象、无可阻挡的魅力、高贵典雅的气质、不俗的谈吐,更是令人倾慕不已。

埃丝黛·劳德的受教育程度不高，职业起点也很低，主要是为叔叔研制的化妆品做推销工作。为此，她必须顶风冒雨走街串巷，其中的艰辛自不必说，但劳德从未抱怨过。在经过一段时间的历练以后，她积累了一定的人生经验。于是，她建议叔叔研制一些高档化妆品，并开始向上流社会进行推销。不过，这一措施并没有得到良好收益，劳德很想弄清个中缘由。

于是，在被一名贵妇拒绝以后，她鼓起勇气问道："我很想知道，您为什么要拒绝购买我的产品呢？是因为我的推销技巧很差吗？"

对方开诚布公但略显尖酸地回答："这与推销技巧无关，而是你的问题。你必须承认，你给人感觉就是档次很低，这又如何让我相信你的产品呢？"

劳德顿有一种受辱之感，但她知道，自己已经找到了问题的根源——即产品档次的高低，取决于推销人员的档次。

她狠下心要对自己进行"整容"。于是，她开始刻意模仿名流女性，效仿她们的穿着打扮以及言谈举止。不仅如此，她又意识到，塑造不能仅限于外表，而应更加注重塑造内在美。基于此，劳德有意识地培养自己的自信心，同时也非常注重知识的丰富与提高。

一段时间过后，劳德摇身一变，成了一名内涵丰富、举止优雅的迷人女性。她开始走进上流社会，向名媛贵妇们推销自己的产品，并获得了前所未有的成功。

形象并不单单是指穿衣、外表、长相、发型、化妆等，它是一个综合概念，是一个人外在魅力与内在魅力的整体体现；形象并不局限于漂亮的脸蛋儿、傲人的身材、醉人的微笑，更包括人生的思想、追求抱负、价值观、人生观，等等。从某种意义上说，塑造形象就是与社会进行沟通，并为社会所接受的一种方式。

某英国企业家坦言:"若是你认识昨天的我,那么今天你一定会说,我与昨天简直判若两人。其实,没什么大惊小怪的,因为今天的我,从内到外都经过了精心的设计和塑造。"

要想早日登上成功的巅峰,从今日起你就必须下定重塑自身的形象,不仅要对自己的走姿、坐姿、音调、着装、化妆等进行精心的设计,同时还要最大程度地丰富自己的内涵。如此一来,假以时日,你同样可以散发出迷人的魅力,同样会令人"士隔三日,刮目相看"!请务必记住:不要忽略自己的形象,它价值连城。

找出软肋,弥补自我

少林七十二绝技中,最上乘的武功莫过于易筋经。这是一门绝顶内功,它可以使人周身血脉贯通,除去僵化不通的弊病,故而能使人的一招一式发挥出极大的威力。

这里的易筋经是要找出自身的各种症结,然后一一化去,从而达到通畅灵活的效果。我们的人生同样如此,一个人有志成功,却一而再、再而三地铩羽而归,那就说明其自身存在问题,要设法找到症结所在加以解决。事实上,每个人或多或少都存在一些缺点,有些无伤大雅,有些则严重威胁着个人的成功。以下是世人身上常见且危害性较强的一些缺点,希望大家能够参照自身,无则加勉,有则改之,以求为我们行走社会、建造事业打下坚实的根基、

1. 热情不足

黑格尔曾经说过:"没有热情,世界上就没有一件伟大的事能

完成。"

美国的《管理世界》杂志曾进行过一项测验。他们采访了两组人，第一组是事业有成的人事经理和高级管理人员，第二组是商业学校的优秀学生。

他们询问这两组人，什么东西最能帮助一个人获得成功？两组人的共同回答是"热情"。

热情之于事业，就像火柴之于汽油。一桶再纯的汽油如果没有一根小小的火柴将它点燃，无论汽油质量再怎么好也不会发出半点光，放出一丝热。而热情就像火柴，它能把你拥有的多项能力和优势充分地发挥出来，给你的事业带来无穷的动力。

一个人如果没有热情，就不会激发出自身的潜力，只会给人一种心灰意冷、毫无前途的印象，这样的人终将遭到遗弃。

2. 适应能力差

能否适应不同的环境，是一个人承压能力的体现，这是因为人的压力主要发生在自身进行变革时。成功者不仅有能力去适应变革，而且更有能力去促进变革。

适应能力的本质，就是参与冒险的能力。成功者大多知道，转变与冒险是同时存在的。对于成功者而言，转变不仅是时势所迫，而且往往是不可避免的。因此说，一个人若想获得成功，就一定要有意识地培养自身的适应能力。

3. 缺乏自信

独木桥的那边是一种奇境，有各种果实诱人前往，自信的人大胆地过去采摘，而缺乏自信的人却在原地犹豫：我是否能走过去？而果实早已被大胆行动的人先行一步，收入囊中了。

自己都信不过自己，别人怎么能相信你？但凡成功者都是非常自信的，强烈的自信心不仅能振奋自身士气，亦可在气势上压倒对手，取得意想不到的效果。没有机遇或没有条件尚有情可原，如果是因为缺乏信心而失掉机会，乃至导致失败，未免就太过可惜、可怜、可悲了。

4. 自负

人不能不自信，但也不能太自信，否则就是自负，就会对自己做出不切实际的评价，别人也会因此认为你是个妄想狂，不会很好地与你相处。

美国威特科公司总裁托马斯·贝克曾经说过：你可以聘到世界上最聪明的人为你工作。但是，如果他孤芳自赏，不能与其他人沟通并激励别人，那么，他对你一点儿用处也没有。

其实这段话也可以这样理解：你可以是世界上最聪明的人，但是，如果你孤其自赏、过于自负，不能与其他人沟通并激励他人，那么，你一点儿用处也没有，不可能获得成功。

自负可能会使你固执己见、一意孤行，一旦走入死胡同，你就要追悔莫及了。

5. 用心不专

无论做任何事，"三心二意"都是不可取的。不将精力集中在你的目标上，而去考虑其他无关紧要的事情，必然会分散精力。一个人的精力是有限的，没有足够的精力开创事业，自然不会有什么大作为。专心致志的人往往会成为人们赞赏的对象，他们的事业往往也会比三心二意者做得更大。

当然，存在于我们身上的缺点远不止这些，在这里就不多做表述。其实，只要你能时时反省自己，以客观的眼光去看待自己的所言所行，缺点必然会无处容身；只要你在发现缺点以后，能认真去思考缺点产生的原因并积极加以改正，你就会越发优秀起来。还等什么？马上找出自身的软肋，弥补自我，让自己一天比一天更接近成功。

第三章 优化"拦截系统"
——别让机遇悄悄溜走

故事本身其实也是一种机遇！若能自故事中得到启发，并因此改变自己的思维及行为方式，令自己终生受益，就意味着你已经抓住了这个机遇。倘若读过以后大脑之中一片空白，丝毫没有受到启发和影响，那么只能遗憾地告诉你，你又放过了一次发展自我的大好机遇。

一次偶然的机遇，成就一个写意的人生

在人生之中，每天都在发生各种各样的事情，一些事独特新奇，能够吸引多数人的目光；一些事则平淡无奇，大多数人都会对其视而不见。然而，在这平淡无奇的事情之中，往往却隐藏着重要的机遇。

大量事实已经证明，一次偶尔的机会，极有可能会成就一个写意的人生。作为一名有志之士，我们必须具有敏锐的洞察力，要善于从日常生活的细微之处发现不平凡之事。现在，我们不妨一起看看以下几则故事：

故事一：

19世纪，英国物理学家瑞利在端茶时，发现茶杯会在茶碟中滑动、倾斜，偶尔也会有茶水溅出。但是，当溅出的茶水弄湿茶碟以后，茶杯则轻易不会在碟上滑动。他对此做了进一步研究，结果发现一种求算摩擦的方法——倾斜法，这一次偶然的机遇，为他带来了意想不到的惊喜。

故事二：

某青年自称"只要能赚到钱，什么都愿意做"。一个偶然的机会，他听闻市民缺少便宜塑料袋盛装垃圾，便立即着手进行市场调查。一番分析以后，该青年确认此事有利可图，即立刻付之于行动，迅速将廉价塑料袋推向市场。最后，他凭借那条在别人看来毫无价值的"垃圾信息"，一周之内就赚了几万美元。

故事三：

美国有一名小伙子，从小立志创办杂志。一天，他看见有人打开一包纸烟，从中抽出一张纸条，随即把它扔到地上。小伙子俯身捡起这张纸条，那上面印着一个著名女演员的照片，并附有这样一句话：这是整套照片中的一幅。

原来，烟草公司为促销香烟，便以督促买烟者收集一套照片为诱饵，进行推销。小伙子将纸片翻转过来，发现它的背面竟然完全是空白。他顿时感到这是一个机会。他判断：如果将装在烟盒中、印有照片的纸片充分利用起来，在它的空白面印上照片中人物的小传，其价值一定能够得到大幅提升。于是，他找到印刷这种纸烟附件的平板画公司，向公司经理介绍了自己的主意，并最终得到了经理的认可，同时，这也成为了他最早的写作任务。后来，他的工作量与日俱增。以至于他必须请人帮忙。他找到了弟弟，并承诺支付每篇5美元的报酬。不久，小伙子再度聘请了5名报社编辑，帮助自己写小传，以供应平板画印刷厂的需求。到最后，小伙子竟然真的成了编者！他如愿以偿地做了一家著名杂志的主编。

故事中的3位主人公都有一个共同之处——他们满怀理想，从不肯轻易放过任何一个成就理想的机会。当机遇现身时，不管它是何等微不足道、何等的不起眼，他们都会认为这是上苍的眷顾，都会毫不犹豫地认出它、抓住它。最后，他们得到了回报，他们真的成功了。

类似的故事简直不胜枚举，不知你在读故事的同时有没有意识到，故事本身其实也是一种机遇！若能从故事中得到启发，并因此改变自己的思维及行为方式，令自己终生受益，就意味着你已经抓住了这个机遇。倘若读过以后大脑之中一片空白，丝毫没有受到启发和影响，那么只能遗憾地告诉你，你又放过了一次发展自我的大好机遇。

相信，本书的读者朋友都不会是小孩子。既然如此，我们就不能再像小孩子一样，只会"听"故事，而应拥有自己的思维能力，要懂得从小故事中悟出大道理，并将所悟、所得付之于行动，这才是看故事的意义所在。

用敏锐的目光发现机遇

生活中，经常会有人抱怨"时不待我，机遇不在"。事实上，这些人更应抱怨自己的眼睛不够"毒"，洞悉力太差，因为数不胜数的机遇就在我们的面前，就等待着你去发现、去捕获它们。

一家德国鞋厂和一家意大利鞋厂，各派遣一名推销员前往太平洋某岛屿进行推销工作。上岛以后，他们各自给公司发回一封电报。德国推销员在电报中表示："这座岛上的居民都不穿鞋，明天我就搭头班飞机回来。"意大利推销员的电报则是："简直棒极了，这个岛上的居民都还没穿上鞋子，市场潜力很大，我准备常驻此岛。"

罗丹曾经说过："生活中并不是缺少美，而是缺少发现美的眼睛。"与此同理，生活中并不缺少机遇，只是缺少发现机遇、抓住机遇的眼睛。面对相同情景，一名推销员感到"失望"，另一名则看到"机遇"。由此可见，对于那些缺乏敏锐目光的人而言，即使机遇摆在面前，他们也茫然不知；但对于"目光毒辣"的人而言，机遇根本无所遁形。

美国淘金热时期，淘金者的生活条件异常艰苦，其中最痛苦的莫过于饮水匮乏。众人一边寻找金矿,一边发着牢骚。一个人说:"谁能够让我喝上一壶凉水,我情愿给他一块金币。"另一个人马上接道:"谁能够让我痛痛快快喝一回,傻子才不给他两块金币呢。"更有人甚至说:"我愿意出3块金币!!"

在一片牢骚声中,一位年轻人发现了机遇:如果将水卖给这些人喝,能比挖金矿赚到更多的钱。于是,年轻人毅然结束了淘金生涯,他用挖金矿的铁锹去挖水渠,然后将水运到山谷,卖给那些口渴难耐的淘金者。一同淘金的伙伴纷纷对其加以嘲笑:"放着挖金子、发大财的事情不做,却去捡这种蝇头小利。"后来,大多数淘金者均"满怀希望而去,充满失望而归",甚至流落异乡、挨饿受冻,有家不能归。但那位年轻人的境况则大不相同,他在很短的时间内,凭借这种"蝇头小利"发了大财。

很显然,年轻人的机遇并不是老天赐给他一个人的。所有淘金者都因"缺水"而苦不堪言,抱怨声不绝于耳,可其他人根本没有意识到这就是一种机遇,有些人甚至还在嘲笑那位年轻人。

类似的事情不在少数。人们都渴望获得成功,也都知道机遇是成功的关键因素,但却很少有人能够做到时刻关注机遇。要知道,机遇不会眷顾"睁眼瞎",要想真正在人生之中有一番作为,你就要像故事中的年轻人一样,练就一双"火眼金睛",看穿他人无法看穿的机遇,如此你才能够把握机遇给予的不同待遇。

"泰森咬耳事件"一度轰动一时,乃至在某晚会上被当做笑料搬出。多数人看过之后一笑了之,只是茶余饭后会偶尔谈起。然而,谁能想到这也是一个发财的机遇呢?美国有一位巧克力生产商,他在得知这一消息以后,迅速推出了一种耳朵形状的巧克力,其上明显有一缺口,暗指霍利菲尔德被泰森咬伤的那只耳朵。同时,他又在包装纸上印上了

第三章 优化"拦截系统"——别让机遇悄悄溜走

霍利菲尔德的肖像。此举一出，该品牌巧克力一时声名鹊起，在无数巧克力品牌中脱颖而出。而那名商人得益于自己的创意，一下子就发了大财。

看到此事不知大家是否想过：泰森咬耳事件不仅中国十几亿乃至全球几十亿人，几乎都有所耳闻，但能将其当做一种机遇的，为什么单单只有这个美国巧克力生厂商呢？抓住机遇远不是说说那么简单，首先我们必须要学会发现机遇。机遇无处不在——诸如，每一次社交活动、每一篇媒体报道、人生中的每一次转折等等，都有可能为你带来新的感受、新的信息，都有可能是一次机遇，有可能成为引领你迈向成功的契机。问题的关键在于，你是否已经具备了捕捉机遇的眼睛，是否能够洞悉每一次出现在身边的机遇。其实机遇并不难寻，机遇就在我们身边，只是在等着你去发现。

随"机"应变方为智者

在我们确定目标以后，其次便是要判断自己的目标可行与否。为此，你必须确认实现目标所需的时间、财力、人力等等。你必须明白，我们的选择唯有通过验证，才能预测出目标的现实性。一旦你发现自己的目标背离了现实，就要及时加以修正。

很多满怀壮志的人虽然坚韧不移，但由于不懂得随"机"应变，往往会因为无法适应机遇，最终与成功失之交臂。

毫无疑问，坚持目标无可厚非，但决不能太过拘泥、不知变通。倘若你确实感到自己的目标幻想多过于现实,那就尝试换一种方式吧。那些一往无前、利用机遇达成目标的人,都已具备了这种能力。

古代迦太基著名军事统帅汉尼拔向来有"战神"之称。他在与罗马争夺地中海的战争中,数次随"机"应变,剑走偏锋,将人数高出自己数倍的罗马军队打得落花流水。

公元前218年,罗马向迦太基宣战。汉尼拔胆略惊人,他准备率军进攻意大利,在敌人腹地作战。他认为,由海路进攻意大利过于冒险,所以选择了越过阿尔卑斯山脉。

同年4月,汉尼拔经过细心准备,率军从新迦太基城出发,沿途越过比利牛斯山,顺着高卢南岸向前推进。9月下旬,他们终于冲破重重险阻,走出深山,到达波河上游地区。

敌人突然出现在意大利北部,宛如神兵天降,罗马人做梦也没想到迦太基人会以如此神速出现在自家门口。他们顿时慌了阵脚,不知如何应对才好。

汉尼拔领兵先后击退了西庇阿和森普罗尼亚,兵不卸甲、马不停蹄,迅速绕过罗马的防护屏障,出其不意地抵达罗马城附近,直捣黄龙。

罗马人当然不想就此败北,他们临阵换将,推选主战派代表人物瓦罗为执政官,率军抵抗汉尼拔大军。公元前216年夏,在坎尼地区,瓦罗与汉尼拔展开了惊天动地的大决战。

开战之初,罗马主帅眼见汉尼拔大军中央力量薄弱,便决定调整兵力部署,加强自己中央力量,意图集中绝对兵力,一举击溃汉尼拔的中央方阵。

瓦罗自以为棋高一着,谁知正中汉尼拔下怀。当罗马军中央主力发起猛攻后,迦太基军中央步兵便开始缓慢收缩,两翼精兵则向罗马军侧翼包抄过去。瓦罗目睹此状，尚以为是敌军在准备撤退，不由得暗自得意。

恰在此时，500名迦太基死士佯装溃败，投向罗马阵营。瓦罗命人收缴"降兵"的武器，将其暂时安置在己方的阵后。瓦罗心想：汉尼拔又退又降，是决战的时候了。于是他一声令下，预备队全部参战，向汉尼拔发起了总攻。

汉尼拔一直纵览全局，此时见时机已成熟，便命令两翼骑兵猛攻。精锐部队左翼骑兵迅速击溃罗马军右翼，并迂回到罗马军左翼的侧后部位。

罗马军仅存的一路骑兵腹背受敌，顷刻间土崩瓦解。随即，迦太基骑兵配合步兵围歼敌人步兵。这时突然间东风大作，汉尼拔预先背风埋伏的士兵和假降的500名死士又一起涌出。罗马步兵迎风而战，眼泪横流，只得任人宰割……

此一役被载入世界军事史册，堪称经典，而汉尼拔也因此一直与"战神"并肩齐驱。

汉尼拔以"用兵如神"著称于世，名垂千古。他"神"的地方就在于能够随"机"应变，不按章出牌，料事如神，出奇制胜。人生同样如此，与竞争对手博弈，必须不断变换套路，博弈高手决不会被对手牵着鼻子走。

其实，只要你毅力够强，并能随机调整目标，实现目标就不会再困难。须知，几乎每一位成功者都懂得审时度势，随时确认自己的目标是否存在偏差，并及时做出相应调整。他们会掌握机遇走向，让自己不断地接近成功。选择→调整→成功，相信在这一过程中，你也一定能够得到更多快乐，体会到人生的真正意义。

做好准备，捕获机遇

机遇总是垂青那些有准备的人。倘若你双眼观天，坐等机遇，即便它真的来了，你也手足无措，眼睁睁看着它溜走。古语有云"机不可失，失不再来"，与机会失之交臂，就算你再痛苦、再懊悔，也无济于事。

机遇对于那些志在成功者而言，无疑是非常重要的。和珅登上政治舞台前的第一声叫喊，便引起了乾隆帝的注意，可以说正是由于他抓住了瞬间的机遇，才顺利地爬上梦寐以求的高位。

和珅年少时家境一般，至乾隆中叶，还不过是八旗官学生，只中过秀才。以这种出身，和珅要出人头地几乎是不可能的。乾隆三十四年（1769年），和珅在父亲死后承袭了三等轻车都尉之爵。从此就有了一定的收入，年俸为银160两、米180石。但这还不是主要的，这一世爵给和珅在政治上带来了转机，为他提供了一条接近皇帝的便捷之径。由于他的高祖是开国功臣，其后人就有可能随侍帝君。所以和珅袭三等轻车都尉不久，便于乾隆三十七年（1772年）被授予三等侍卫，在侍卫处扈从皇帝。

乾隆四十年（1775年）是和珅政治生涯的转折点。在这一年，和珅巧逢机缘，得见天颜，奏对称旨，甚中上意，从此便攀龙附凤、飞黄腾达。

一日，乾隆准备外出，仓促间没有将黄龙伞盖没有准备好，乾隆帝发了脾气，喝问道："是谁之过？"皇帝发怒，非同小可，一时间，各官员都不知所措，而和珅却应声答道："典守者不得辞其责！"

乾隆皇帝不禁一怔，循声望去，只见说话人仪态俊雅，气质非凡，乾隆不仅更为惊异，叹道："若辈中安得此解人！"问其出身，知是官学生，也是读书人出身，这在侍卫中是不多见的。乾隆皇帝一向重视文化，尤重四书五经，对一些读过四书五经的满族学生，当然更加另眼相看，所以一路上便向和珅问起四书五经的内容来。和珅平日也是很用功的，所以应对自如，使乾隆帝龙颜大悦。至此，和珅进一步引起了乾隆帝的好感，遂派其总管仪仗，升为侍卫。从此和珅官运亨通。一次偶然的机遇，便为和珅铺平了升迁之路。

和珅之所以能抓住机遇，是跟他平时的准备是分不开的。

实际上，和珅不但不是一个不学无术的人，而且他还是一个颇通诗书的能人。拿他在狱中所写的两首《悔诗》来看，其中有"一生原是梦，卅载枉劳神"和"对景伤前事，怀才误此身"几句，不次于李斯临死前上书之以罪为功。说和珅无才无能是不符合事实的。

据马先哲先生考证，和珅精通四种语言，这在清高宗所写的两次《像赞》里有明确记载：一在1788年（乾隆五十三年）《平定台湾二十功臣像赞》里说，和珅"承训书谕，兼通满、汉"；一在1792年（乾隆五十七年）《平定廓尔喀（今尼泊尔）十五功臣图赞》里也说，和珅"清文（即满文）、汉文、蒙古、西番（即藏文），颇通大意"。原注有云："去岁（乾隆五十六年）用兵之际，所有指示机宜，每兼用清、汉文。此分颁给达赖喇嘛，及传谕廓尔喀敕书，并兼用蒙古、西番字。臣工中通晓西番字者，殊难其人，惟和珅承旨书谕，俱能办理秩如"（详见《八旗通志》卷首六）当时满汉大臣中能兼通满、汉两种语文者，就比较罕见，像和珅一人能通满、汉、蒙、藏四种语言，确实难能可贵了。乾隆如此信任和珅，很大程度上也是用人用其长。和珅的才能是不能否认的。

而且，和珅工诗能绘事，非仅诵四子书之辈可比。诗有《嘉乐堂诗集》，不分卷，系与弟和琳、子丰绅殷德于1811年（嘉庆十六年）合刻本，其狱中《悔诗》两首，亦均收入。画则因和珅人品甚恶，不为世人所珍，很少留传至今。已故国际著名史学家洪煨莲（业）先生藏有和珅所作山水小横披一帧，绘于棉布之上。和珅不画在绢上，也不画在纸上，唯独画在布上，这布殆即当年英使马戛尔尼所贡之细密洋布，似为创举，可谓好事。据《乾隆英使觐记》载，称和珅为中堂，"中堂"系当时人对大学士兼军机大臣为真宰相的代称。马戛尔尼目睹和珅，说他英俊有宰相气度，举止潇洒，谈笑风生，木尊俎间交接从容，应对自若，事无巨细，一言而办。异邦人记当时人情事，自属可信。然则和珅之能得清高宗的独宠，二十年如一日，又岂一般满汉大臣所能望其项背？

和珅大概在十几岁时进入"咸安宫官学"受教。由于他天资聪颖、记忆力强、过目不忘，加上他锐意进取，勤学苦读，所以经常得到老师们的夸奖。如后来得到他信任、照顾和提拔的老师就有吴省兰、李璜、李光云等。

由于和珅的刻苦努力和博学强记，在咸安宫官学学习期间，不仅四书五经背诵得滚瓜烂熟，而且他的满、汉文字水平也提高得很快，此外，还掌握了蒙古文和藏文。正如和珅在悼念其弟和琳的诗中写道："幼共诗书长共居。"此外，当时著名学者袁枚也曾表彰和珅、和琳兄弟"少小闻诗通礼"。这些都是说他们兄弟是有一定学问的。

和珅还练就了一笔好字，他的字看起来很有功夫。同时，他对诗词歌赋与绘画也很喜欢，虽不能说他的诗造诣深，但他是读过不少诗词的。就是由于这个时期打下的基础，才使他日后为官时充分施展了"才能"。

第三章 优化"拦截系统"——别让机遇悄悄溜走

正因为和珅早有准备，所以当机遇来临之时，他才能牢牢将其抓住。其实在很大程度上，能力就是机遇，有机遇而无能力，也只会错失良机，成功又从何谈起？

不放过任何一个信息

21世纪，"信息"成了各种书籍与媒体使用频率最高的词汇之一，"信息化浪潮"、"信息经济"、"信息技术"等词语不断闪现在我们眼前。在人们的交往过程中，拥有信息的多少已然成为机会和财富的象征，掌握信息的人往往显得更有能力，易成为人们瞩目的焦点。因为有了信息的积累，思路就会随之拓宽，就有可能掌握到更多的知识。

"信息爆炸"给人们带来了无穷的机会。可以说在当今社会中，谁获取的信息最多，谁就是这个社会的成功者。因为每一条信息会为我们开启一扇机会之门，使我们通向成功。

哈默在16岁时已决定不再向家里要钱，自己开始挣钱了。一天他在大街上散步，看中了一辆标价185美元的双人敞篷汽车，而这笔钱对他不是个小数目。突然他想起两天前曾在一幅广告中看到一家工厂找人送圣诞糖果的启事，现在买下这辆车，不正好去应聘那份工作吗？想到这里，他马上找到哥哥借了钱，买下了这辆车，并立即与那家工厂联系，接手了那份工作，为一位富商送圣诞糖果。两周后，他还清了哥哥的钱，自己也有了些小钱。第一次生意给他很多启示，他认识到，只要留心生活中的每一个小的现象，并利用好这种很小的信息，再加上努力工作，就能获得自己想要的东西。

哈默在大学学习期间，父亲让他帮忙管理一个濒于破产的制药厂，同时父亲要求他不要放弃学业，将经商与学习结合起来。他接受了这个充满挑战的机会。18岁的他贷款买下了药厂合伙人的全部股份，掌握了药厂的实权，同时，大胆改革药厂的经营方针。经过一番苦心经营，在大学毕业前，他已是拥有百万美元的大学生富翁了。

也许有人认为，我们远不如那些商业巨子聪明，对信息也不如他们敏感，面对信息社会甚至有些无所适从。其实，这都是次要因素，每个人的智商都差不多，事在人为，只要方法得当，我们就不会再感到茫然，我们也能拥有敏锐的眼光，在沙子中找到金子。我们生活在这样一个信息社会，应该学会培养自己接收信息和处理信息的能力，为自己铺设多条成功的道路。

在充满信息的社会中，对信息的收集与整理是一个学习过程。当我们的知识积累到一定程度之后，我们就会具有不同寻常的理解力和智慧，就可以透过现象抓住本质。信息就是平时积累的材料，通过我们不断地积累，再与生活两相对照，我们就会发现哪些材料是有价值的、哪些是毫无用处的，这样，信息就成了我们的有用资源。所以，收集信息，是很关键的一步。

当信息储存到一定程度的时候，我们要注意它们的相关性，也许单个的信息没什么用处，一结合起来，就有了很高的价值。这就要对收集来的信息进行分析，这不但是一个清理思路的过程，有时甚至可以发现信息外的一些信息，使我们获得意想不到的、有价值的信息。

其实，学习就是在智力上的自我准备，不论上中等的职业学校课程，还是理论或应用科学的普通课程，都会是开启我们智慧之门的钥匙。在具备了基本的知识之后，进一步以经验为指导，信息所发挥的功

第三章 优化"拦截系统"——别让机遇悄悄溜走

| 61 |

能就会是巨大的。所以学习也就是把知识作为一种长久的信息储存起来。

比尔·盖茨在投身软件业时，结合自己编写软件、操作系统、语言、应用程序等方面的丰富知识，再加上所获得的个人软件行业在市场中仍然很薄弱的信息，于是取得了成功。

如果我们主观上缺乏准备，头脑中完全没有捕捉信息这根弦，那么就是有用的信息送到你的面前，也会白白地溜掉。我们常见到这样的情形：有些人天天看报纸、听广播、看电视，但是他们从未发现任何有价值的信息。他们对信息毫不敏感的原因，在于缺少捕捉信息的意识和紧迫感，通常也懒于去整理自己每天所看到的信息。所以，我们必须树立常抓不懈、多方收集信息的意识，使自己成为捕捉信息和机遇的有心人。

但信息本身千姿百态，有的属于虚假的表象，能阻挡一般人的视野；有的属于无关紧要的细枝末节，容易被一般人所忽视。我们应该保持清醒的头脑，学会辨真识伪，让信息为己所用，才能有助于我们拓宽思路。

"我可以创造机遇！"

智者从不会抱怨命运女神厚此薄彼，更不会将人生中的不顺、事业上的失败，归结于是机遇冷待自己。事实上，机遇对所有人都一视同仁，一如阳光普照大地，而能否最大限度地利用这份光和热，则完全取决于你自己。

机遇固然带有一层神秘的面纱，但绝非无法参透和洞悉。智者更善于一边经营生活、经营人生，一边捕捉身边的每一条信息，寻找足以令自己取得飞跃或成功的机遇。若是时机尚未成熟，他们便暗蓄力量、厚积薄发，低调营造着自己的生活；可一旦时机成熟，他们必然会牢牢抓住机遇，顺势而上，将自己的人生、事业推向巅峰。

机会有"怪癖"，也很"懒惰"，它决不会浪费精力去寻找那些守株待兔、坐享其成的人；换言之，那些一心想要改变自己的人生、常常忙得焦头烂额、四处寻找机遇的人，往往很容易得到机遇的垂青。若以"常理"推论，机遇似乎更应属于那些有时间、有精力的人，但事实却恰恰相反，天生的"怪癖"使它情愿为那些正在筹备梦想、忙于计划的人而现身。机遇是一种"灵物"，它双眼雪亮、行动迅速，它会主动找到那些愿意迎接机会的人；机遇是一种意念，它只存在于那些能认清机会的人心中。

失败者通常会说："我没有机会！"这俨然是在自欺欺人，只是推脱自身过失的一种借口。强者从不等待机会，他们会以坚强的意志、无畏的勇气、全身心的付出去创造机会。他们深知：能够改变命运、拯救自己的人，唯有自己！

亚历山大大帝在攻陷敌人一座城池以后，有人问他道："如果再给您一次机会，您会不会选择再攻陷一座城池？"亚历山大大帝闻听此言，不禁勃然大怒："什么？我不需要别人给机会！我可以创造机会！"不断创造机会、利用机会——这正是亚历山大名垂千古、被人尊为"最伟大帝王"的原因所在。纵览古今，也只有那些懂得利用机会、能够创造机会的人，才能成就一番轰轰烈烈的事业。

或许有人会反驳："亚历山大出身显贵，起点本来就高，继承大统以后，手中又拥有无上的权力，他当然有资本创造机会。"那么，我们不妨一同去看看平凡人物又是怎样做的。

英国红极一时的电视女明星约翰娜早在成名之前，只能在电视剧中饰演小配角。尽管她当时已然演技娴熟，具备了较好的艺术修养，但与很多"跑龙套"的演员一样，一直与主角无缘。出于这种情况，很多像她这样的人心灰意冷，纷纷退出了演出舞台。然而，约翰娜在坚持，她相信终有一天自己能够成为主角。她一直在寻找这样的机会。但是，机会怎么可能自己送上门来？于是，约翰娜格外珍惜自己所饰演的每一个小角色，哪怕只有一句台词或一次出镜的机会，她都不会放过，也不会有一丝倦怠，因为她坚信，机会无处不在。

后来，为了给自己创造机会，约翰娜便进行了大胆的"冒险"——每拍摄完一部电视剧，她一定会争取和主角拍照的机会。然后，她将这些照片印成剧照，注明片名、演播日期，并用大字重点标明自己所扮演某某角色。

后来，当约翰娜听说某电影公司将摄制一部新片时，便毛遂自荐，将这些剧照寄给物色演员的制片人。制片人看到她为那么多名演员配过戏，在那么多电视剧中担任过角色，从而认定她应该是个优秀的演员。就这样，约翰娜终于为自己争取到了成为主角的机会。

机遇并不是公交车，它不会定时来到你身边，它需要你认真地准备和刻意去追求。"我没有机会"——这永远只是失败者的托词。

一位哲人曾经说过："愚者错失机会，智者善抓机会，而成功者创造机会。"机会给予每个人平等的待遇，问题是你能否发现机会、抓住机会，乃至创造机会，能否将机会变成通向成功的垫脚石。机会的创造需要以素质积累为基础，你希望生命中出现彩虹，就必须勇于经历风雨；你想淘得人生的第一桶金，就必须忍受风沙侵袭；你想要成就一番事业，就必须勤勉自励，对人生充满信心和希望，要敢于接受各种挑战，练就过硬的本领。只有这样，你才能为自己创造出更多机会，也就为成功增添了更多可能。

伺"机"而动，一击即中

人的一生之中，能够斗志昂扬、精力充沛的黄金段并不多，与其年迈时空叹韶华白头、精力不再，不如怜取眼前时机，将遗憾从生命中彻底赶走。聪明人都很清楚，一次机遇对于一个普通人而言，是何等的宝贵、何等的重要！所以当机遇来临时，他们从不犹豫，伺机而动，一击即中，因而机遇也成就了他们。

一个人在机遇面前倘若总是优柔寡断、犹豫不决，就会遭到机遇的鄙夷与抛弃。机遇不会等你，你不抓住，它一定会跑向别人那里。

与成功相距最远的，往往就是那些优柔寡断之人。当机会出现在面前，他们瞻前顾后，一会儿猜忌、一会儿顾忌，到头来却又抱怨命运不济。这种人缺乏主见、意志薄弱，他们连自己的判断都不相信，自然也不会得到他人的信任，机遇更不会相信于他。

那些成功之士之所以能够成功，很大程度上取决于他们雷厉风行的性格。他们在机遇面前果敢无畏，该出手时就出手。诚然，他们也会有犯错之时，但即便如此，亦不知强过那些犹豫不决之人多少倍，因为他们出手的次数越多，能够抓住的机会也就越多，成就自然也就越大。

而那些失败者失败的原因，则主要在于他们不具备辨别机遇的能力，更别谈驾驭机遇的手段。兵法有云："用兵之害，犹豫最大也。"细细思量，人生又何尝不是如此呢？所谓"机不可失，失不再来"。犹豫不决的直接后果，就是导致你在人生的竞技场上折戟沉沙。事实上，雷厉风行的性格、"一剑封喉"的手段，俨然已经成为当代人成功的秘诀之一。

对于香港女演员而言，若想成名，通常会有两条路可供选择：其一，进入"TVB"或"RTV"艺员培训班接受培训，结业后与香港演艺界这两大龙头签约，在其摄制的影视剧中逐步担当一些角色，慢慢提高身价；其二，参加亚姐、港姐竞选，一旦摘得奖项，"TVB"或"RTV"便会主动找上门来。在成为其旗下艺员以后，自然会得到一些出镜的机会。著名影星张曼玉选择的就是后者。

1964年9月20日，张曼玉出生于香港。8岁时，全家移民至英国，在英国肯特郡读完中学。16岁时，她便在伦敦一家书店做店员工作。1982年，她随同母亲回香港探亲，并找到一份化妆师工作。

一日，张曼玉在大街上闲逛，恰巧被一星探发现，力邀她参加一则维他命汽水的广告拍摄。就这样，张曼玉成为一名专职模特儿，先后接拍了一些汽水、洗发水、电器及百货公司的广告。随后，她那俊俏活泼的外形以及窈窕青春的体态，又得到了杂志社的青睐，遂转型成为一名出色的封面女郎。

1983年，TVB举办"香港小姐"竞选活动，张曼玉意识到自己的机会来了，她决定参加选美，以实现自己的梦想。缘于那一段在英国的生活经历，她的气质显得与众选手大不相同，最终斩获"香港小姐"亚军殊荣及"最上镜小姐"称号。随后，张曼玉又被"TVB"派往英国参加"世界小姐"竞选，并成功进入半决赛前15名。这一成绩乃是香港参加世界选美史上的最佳表现。衣锦归乡以后，张曼玉身价倍增，片约纷沓而来，一时成为演艺圈冉冉升起的一颗新星。每每忆及这段经历，张曼玉总会自豪地说："参加港姐竞选是我生平第一次作出的最有勇气的决定，因为这无疑是我进入娱乐圈的最佳机遇。退一步讲，即使落选，我还有机会当艺员，因为演戏实在太吸引我了！"

如今，张曼玉已逐渐淡出观众的视线，但她所取得的一系列成就却依然历历在目：

1991 第28届台湾电影金马奖最佳女主角

1992 柏林影展最佳女主角银熊奖

1992 芝加哥影展最佳女主角雨果银牌奖

1992 香港艺术家年奖银幕演员年奖

1993 第12届香港电影金像奖最佳女主角

1993 日本影评人大奖最佳女主角

1996 凭借《甜蜜蜜》获巴西巴伐利亚电影节最佳女主角奖

2004 第57届戛纳国际电影节最佳女主角

……

回顾张曼玉这条成功之路我们不难看出，机遇更加眷顾那些目光独到、有能力掌控自身命运的人。一如开篇所说，我们的黄金期本就不多，根本不允许去浪费，所以一旦机遇出现，只要看准了就别犹豫，要像猎鹰一样一击即中。

当然，这里说的"该出手时就出手"，并不是指轻率冒进、意气用事，而是指经过"三思"之后的当机立断。

反思机会遁去的缘由

有些人总是能够抓住机遇，而有些人却总是不能。同样是人，差距怎么就那么大呢？我们不妨一起去反思一下机会遁去的缘由。

1. 守株待兔者没有机遇

懒汉实际上是把生命当成一种负担来应付，他们对于任何事物都缺乏兴趣。这样的人即使机遇送上门来也会被他们关在门外的。

热衷于等待的人总是把希望寄托在明天。等明天吧！明天也许会更好，而明日复明日，明日何其多？从黑发少年等到白胡子老人，最后等来的只能是南柯一梦。把等待作为应付生命的手段，其本质就是懒惰。看见一只兔子偶然撞死在树桩，于是就放弃了劳作，以为整天守在那里机遇就可以降临了。这种守株待兔的心态是懒汉们的共性。

2. 不善交际者没有机遇

获得机遇需要勤奋，但是仅靠勤奋是不够的，同时还要有极强的交际能力。俗话说：好马出在腿上，好汉出在嘴上。一个木讷不善于交际的人，就可能会失去很多机遇。如果我们仔细观察就会发现：那些成功的人士大多数都是善于交际的人。在现在这个竞争激烈的社会中，尤其需要多方面展示自己的才能，表现自己的能力，开拓更广泛的社会范围。如果一个人不善于推销自己，缺少朋友，那么他的生活圈子就会越来越狭窄，信息也很闭塞，那么势必要失掉许多适合于自己发展的机遇。

一个技术工人由于工厂经营不善下岗待业，于是整天待在家里怨天尤人生闷气，闹得家里鸡犬不宁。在窝里横的人却不敢走出去，到社会上去闯荡。

另一个工人正好跟他相反，下岗后整天在外面转悠，广交朋友探路子，很快就在朋友的帮助下找到几份兼职工作，收入比过去翻了几番。

3. 惧怕失败者没有机遇

畏惧失败和缺少自信心是相伴而生的。畏惧失败的人本身就缺少自信，没有自信自然也就害怕失败。

俗话说，失败乃成功之母。其实失败是人生不可避免的考验，任何人都不可能没有经历过失败。要想取得成功，就必须勇于面对失败，如果畏惧失败，就难以越过失败这道屏障去取得成功。

在体育项目中，有一项是障碍跑，在途中，要越过独木桥，翻越沟壑，还要爬过高墙。对于参与者而言，每一道障碍都潜在着危险，存在着失败的可能。但是，不越过这些障碍就永远不能抵达胜利的终点。

在人生的道路上也是一样，机遇也许就在障碍的那一端，如果我们缩手缩脚不敢前进，就永远不能同机遇见上一面。

4. 白日做梦者没有机遇

一个年轻人去公司应聘，公司负责人告诉他只招聘助理，月薪3000元。年轻人不屑一顾："我很早就开始打工了，我的前一份工作是在一个网站任总编，月薪一万！你说，我能干你这月薪3000块钱的工作吗？"

一个老板曾经说过这样的话："如果你想要毁掉一个人，你就给他高薪，高得让他自己都摸不着北，然后你再以小河难养大鱼为借口，委婉地劝他另寻高就。他一旦离开你的公司，这个人就什么也干不了了。"

不切实际的空想家即使面对许多发展的机遇，也会被他眼高手低的标准衡量掉的。

5. 漫无目标者没有机遇

一个孩子和他的父亲在雪地里比赛谁走的路线最直，于是孩子把自己的一只脚对准另一只脚尖，谨小慎微地往前走。他费了好大劲儿走了半天，还是不直，可是他的父亲却是大步流星地直奔一棵大树走去。结果可想而知，父亲的足迹是一条既简洁又笔直的路线。盲无目的的人，即使再修饰自己的足迹，终究是徘徊在一个小圈子里无所作为，只有直奔目标的人才能够把握住机遇，走向辉煌的前程。

我们都曾有过这样的体会：在临近考试的时候，我们的精力似乎特别旺盛，我们的记忆力也好得出奇，在短短的时间内我们就可以记住很多单词、掌握很多内容。可是在平时，无论怎么努力，学到的知识总是不理想。这就是有目标和没有目标的区别。当我们面临考试时，考试成了我们唯一的目标，此时的大脑可以调动全身心的能量来为考试而努力，所以这个时候的学习效果非常好。

6. 见异思迁者没有机遇

人有一个最大的弱点，那就是总是容易被外界环境所影响，被一些诱惑所左右。本来一个人练习书法很投入，可是看见朋友们在学画画，于是放弃了自己正在做的事情，盲目追逐别人的喜好去了。

广告效应其实正是利用了人们的这一弱点，对人们展示了诸多的诱惑，结果人们往往就被广告所左右。就拿饮料来说，其实自己喝的茶水就是最好的饮料，可是一听商家宣传这种饮料的营养、那种饮料的药用，久而久之耐不住诱惑，于是扔掉了茶杯，拿起了饮料。喝来喝去又听专家断言：那些饮料还不如白开水干净，于是后悔不已。后来洋人说中国的茶是最好的饮料，才又觉得自家的茶是个宝贝。转了一圈，白白扔了许多钱财，糟践了身体，最后还得拾起自己扔掉的茶叶罐子。见异思迁者即使在机遇来临之时，也首鼠两端，干什么才好呢？犹豫当中，机遇就弃他而去了。

第四章 优化"思维力"
——"投机取巧"又何妨

在这个世界上,从来没有绝对的失败,有时候只要调整一下思路,转换一个视角,失败就会变成成功。一个聪明的人,不会总在一个层次做固定思考。他们知道很多事情都是多面体,如果你在一个方向碰了壁,那也不要紧,换个角度你就会走向成功。

正确的做事方法会令你事半功倍

为什么有人成功？有人失败？这其实是一个说简单也简单、说复杂也复杂的问题。

有一位颇有成就的励志专家曾讲过这样一个故事：

那天我的一位朋友来看我，他父亲是我在内地的同事，曾在我任教的学校和我在同一间宿舍里生活了一年。他初中文化，工作后因工伤断了一根手指，20多岁就开始病退在家。我正式调来深圳后，帮他在单位找了一份保安工作，但他干了不到3个月就辞职了，从此我们失去了联系。

没想到过了六七年他会来看我，我很高兴。他告诉我他在内地一家房地产公司做老总，我听了差点儿吓得跌个跟头。他说他离开学校后就去一家地产公司做销售员，由于工作努力，业绩突出，不久就被提升为销售部负责人。他们公司的主项是与大学合建教师楼。他发现现在大学教师收入很高，而教师宿舍都是一些很老旧的房子，教师又不愿意离开校园生活，因此都想在学校附近买商品房。

刚好他叔叔在内地开了家房地产公司，他认为当地的房价在全国大城市中是最低的之一，他决定回内地发展。他给他叔叔详谈了他的全套想法，他叔叔很赞同，决定让他负责大学城的开发。

果然大学城销售很好，引起了轰动。他说，有的顾客上午来看房，到了下午就又涨价了。

因此，不少大学纷纷找他们公司合作，业务量突飞猛涨。后来他叔叔干脆将公司的主项转到了大学城的开发，并任命他为总经理。

他的成长让我感叹了许久，从他身上我发现，成功者其实跟我们一样的普通，他们之所以成功，只是因为他们运用了正确的方法。

记得读初二时，学校举办背英语单词竞赛，我考得很差，但同桌却是全年级第一名，那时我也认为是自己记忆力不好。后来同桌告诉了我他记单词的方法：将单词分类，将加了后缀和相近的单词归类在一起，每天上学、放学的路上，就在心里默默记诵。我采用了他的方法，并按自己的习惯将单词重新分类，不仅上学、放学路上记，临睡前也在心里默默地记一遍，结果到了初三，在学校的背单词竞赛中，我就成了第一名。

这个体会让我知道，成功者运用的方法，我也一样可以学到，也一样可以运用去取得成功。

生理学家经研究指出，人的神经系统大致相同，成功者当然也不例外。既然大致相同，那别人能做到的，我们为什么不能做到呢？

成功者只是运用了正确的方法，而他们的方法我们一样可以学到，一样可以运用到生活中，帮助自己取得成功。因此说，注意向成功者学习，掌握向这个社会"进击"的正确方法和技巧，无疑是猎取成功的捷径。

成功者用几十年摸索出来的路，我们没必要再用几十年去摸索，我们只要从他们那里学习过来就行了。就像你要到别人家里，最快的方法当然是让他带你去，因为他最熟悉这条路了。所以不论你从事什么行业的工作，获得进步最快的方法，就是去找你这一行业的最优秀者，向他学习。

多见世面、增长见识，去跟最优秀的人接触、交谈，就是提升自己的捷径。

现在年轻人择业，往往考虑的是企业的规模和薪金的高低，这是目光短浅的做法。其实年轻人的路还长，目前最重要的就是学习、取得经验，掌握长远"作战"的方法技巧。因此，首先要考虑的应该是在工作中能学到些什么，对自己未来的发展有什么帮助，这才具备了长远眼光，而不是看重暂时的工作稳定性和收入的高低。

在体育界，大家都知道教练的作用非常重要。美国NBA的湖人队很长一段时间都没拿过冠军了，但请了曾多次带领公牛队夺冠的杰克逊当教练后，队员并没有变，湖人队当年就取得了NBA的总冠军。

运动队需要教练，教练的作用很重要；其实人生也需要教练，教练的作用同样很重要。我们人生的教练就是那些成功者、教师和一些好的书，以及我们周围所有能帮助到我们的人。因为他们能提供最快捷、最正确的成功技巧，让我们尽可能地掌握人生战场的制胜兵法。

转换思维，另辟奇径

可能很多人都看过这样一则笑话：美国宇航局曾经为圆珠笔在太空不能顺畅使用而大感苦恼，并出巨资请专家研制新式品种。两年过去了，该科研项目进展缓慢。于是，宇航局向社会悬赏，征求此种"便利笔"。不料，很快来了一个小伙子，他向惊讶的官员们出示自己的"研究成果"——是一支铅笔。其实这个笑话告诉了我们一个道理：如果换个思路、换个角度看问题，你可能就会从失败迈向成功。

有一家生产牙膏的公司，产品优良，包装精美，深受广大消费者的喜爱，每年营业额蒸蒸日上。

记录显示，前十年每年的营业额增长率为15%~20%，不过，随后的几年里，业绩却停滞下来，每个月维持同样的数字。

公司总裁便召开全国经理级高层会议，以商讨对策。

会议中，有名年轻经理站起来，对总裁说："我手中有张纸，纸里有个建议，若您要采纳我的建议，必须另付我10万元！"

总裁听了很生气地说："我每个月都支付你薪水，另有分红、奖励。现在叫你来开会讨论，你还要我另外付你10万元。是不是过分了？"

"总裁先生，请别误会。若我的建议行不通，您可以将它丢弃，一分钱也不必付。"年轻的经理解释说。

"好！"总裁接过那张纸后，看完，马上签了一张10万元支票给那位年轻经理。

那张纸上只写了一句话：将现有的牙膏管口的直径扩大1毫米。

总裁马上下令更换新的包装。

试想，每天早上，每个消费者挤出比原来粗1毫米的牙膏，每天牙膏的消费量将多出多少呢？

这个决定，使该公司随后一年的营业额增加了25%。

当总裁要求增加产品销量时，绝大多数高级主管一定是在考虑：怎样才能扩大市场份额？怎样才能把产品推广到更多的地区？一些人可能连怎样在广告方面做文章都想到了，但这些老生常谈未必起得了作用。只有那位年轻经理换了个思路——增加老顾客的消费量，不是同样能达到增加销售额的目的吗？而且这个方法更简单、更有效。灵活地思考对一个人的成功是非常必要的，能够从另一个角度看问题，见人所不见，善于突破常规，这就是创造。

19世纪50年代，美国西部刮起了一股淘金热。李维·施特劳斯随着淘金者来到旧金山，开办了一家专门针对淘金工人销售日用百货的小商店。一天，他看见很多淘金者用帆布搭帐篷和马车篷，就乘船购置了一大批帆布运回淘金工地出售。不想过去了很长时间，帆布却很少有人问津。李维·施特劳斯十分苦恼，但他并不甘心就这样轻易失败，便一边继续销帆布，一边积极思考对策。有一天，一位淘金工人告诉他，他们现在已不再需要帆布搭帐篷，却需要大量的裤子，因为矿工们穿的都是棉布裤子，很不耐磨。李维·施特劳特顿觉眼前一亮：帆布做帐篷卖销路不好，做成既结实又耐磨的裤子卖，说不定会大受欢迎！他领着那个淘金工人来到裁缝店，用帆布为他做了一条样式很别致的工装裤。这位工人穿上帆布工装裤十分高兴，逢人就讲这条"李维氏裤子"。消息传开后，人们纷纷前来询问，李维·施特劳斯当机立断，把剩余的帆布全部做成工装裤，结果很快就被抢购一空。由此，牛仔裤诞生了，并很快风靡全世界，给李维·施特劳斯带来了巨大的财富。

在这个世界上，从来没有绝对的失败，有时候只要调整一下思路，转换一个视角，失败就会变成成功。很多人认为，如果失败了，就应该赶快换一个阵地再去奋斗。如果按照这种观点，李维·施特劳斯就应该把帆布锁进仓库里，或廉价兜售出去，但幸好李维·斯特劳斯没有这么做。他没有放弃帆布，并且积极寻找解决问题的办法，终于从淘金工人的话里获得了启示：将帆布做成帆布裤，因此获得了成功。失败与成功相隔得并不远，有时也许只有半步距离。所以如果遭遇到了失败，千万不要轻易认输，更不要急于走开，只要保持冷静，勇于打破思维的定式，积极寻找对策，成功一定就会很快到来。

发散式思维使人赢得更多成功机会。一个聪明的人，不会总在一个层次做固定思考，他们知道很多事情都是多面体，如果你在一个方向碰了壁，那也不要紧，换个角度你就会走向成功。

化腐朽为神奇

成功者之所以能够成功，与其与众不同的思维方法存在着莫大关系。这类人很少随波逐流，往往灵机一动就会有一个新点子。生活中，我们也需要这种在别人不注意的地方发现机会的"灵机一动"，这样才能取得令人刮目相看的成就。

鸡肋食之无味，弃之可惜，但如果你有一种与众不同的思路做指南，就可以用"鸡肋"做出"大餐"来。

一位犹太人父亲问儿子："一磅铜可以卖多少钱？"儿子回答说"4美元！"父亲摇了摇头："对于犹太人来说，一磅铜不应该只值4美元。把它做成门把手，我们可以获得40美元，做成钥匙可以卖到400美元！我的孩子，你要记住，只要你有眼光，那么废物也可以变成宝物！"这个孩子牢牢记住了父亲的话。

若干年后，这个孩子成为了曼哈顿的一名商人，而且是一名非常出色的商人。有一年，广场的自由女神像被拆除了，铜块、木头堆满了整个广场，谁来处理这些垃圾呢？市政厅非常头痛。犹太商人听说这件事后，主动请求处理这些东西。当地商人都在暗地里笑他：这么一堆垃圾有什么用呢？何况美国要求垃圾必须分类处理，一不小心就有可能触犯市规，这个傻瓜简直是自讨苦吃！

但几周后，这群商人由幸灾乐祸变成了妒恨交加，那么犹太商人究竟做了什么呢？他把铜块收集起来铸成了一个个微型自由女神像，再用木块镶了底座，把它们当成纪念品出售，一个星期就被抢购一空。就连广场上的尘土都没有浪费，商人把它们装进一个个小袋子里，当做花盆土卖进花市。总而言之，这堆一文钱没花就得来的垃圾让商人大赚了一笔。傍晚商人给在外地疗养的父亲打了个电话："爸爸，还记得您以前告诉我每磅铜可以卖到400美元吗？""是的，我的孩子，怎么了？""爸爸，我把每磅铜卖到了4000美元！"

沾满尘土的碎铜和木头，在大多数人看来就是垃圾，或许那些铜可以当做废品卖掉，但那些尘土和木头收拾起来很费劲，看来这实在是一笔赔本生意。当众多商人都认为这是一堆废物和负担时，犹太商人却用自己非同寻常的眼光发现了其中的商机。这位商人的非凡之处，不在于他物尽其用的功力，而在于发现机会和可能性的眼光。这种眼光不是随便就能拥有的，它必然要以一种与众不同的思路做指导，而更深层次的来源则应是一种独特的做人智慧。

美国德克萨斯州的宾客桑斯货运公司为了扩大知名度，曾经在广告宣传上煞费苦心，但是效果不佳。因为货运这种枯燥无味的内容对于娱乐第一、消费第一的美国平民百姓来说，简直就是对牛弹琴。无奈之下，他们找到了新闻界的一位朋友，请他出谋划策。这位新闻人士说，广告内容的设计最好能与美国人的日常生活相关。于是，他们想到了结婚，这是普通人最感兴趣的事情之一。后来，公司与当地著名报纸协商，在一篇关于本地夫妇旅游结婚的报道顶栏处做了这样一个广告："他们在货车上度蜜月，相爱4.5万公里。"广告登出的第二天，立刻就在读者中传开了这样一个话题："谁想出来的歪主意？新婚夫妇在货车上面度蜜月！""还有谁，就是那个宾客桑斯货运公司！"从此，这家公司闻名遐迩，效益斐然。

无独有偶

在美国举行的第 54 届总统选举中，候选人小布什与戈尔得票数十分接近，但由于佛罗里达州计票程序引起双方的争议，因此导致新总统迟迟不能产生。原计划发行新千年总统纪念币的美国诺博·斐特勒公司面对总统难产的危机，灵机一动，化危机为商机，利用早已经准备好了的小布什与戈尔的雕版像抢先发行 4000 枚银币。银币为纯银铸造，直径 3 寸半，不分正反面，一面是小布什的肖像，一面是戈尔的肖像，每枚订购价为 79 美元。结果，短短几日，纪念银币就被订购一空，该公司利用总统难产，大赚了一笔。

看来有头脑的人都会从人们视为废物的东西和危险境地发现机会，创造价值。从理论上来说，化腐朽为神奇从来都是费力、费神却成功率不高的事。然而在实际生活中，环境却为这些有勇气、有眼光，把鸡肋做成大餐的人提供了丰厚的回报。也许人们会认为，他们得到回报完全是由于一种不经意的灵机一动，是一种偶然的幸运。可是，这种不经意的灵机一动中究竟蕴藏了怎样的聪明和智慧呢？盲目随大流、长时间形成的思维习惯和心理定式束缚着人们的大脑，因此，能够换一种思路，不随大流做人做事，无论如何都是难能可贵的。我们倡导换一种思路，就是要解除尽可能多的人为的束缚，以期有更多的"灵机一动"。

第四章 优化『思维力』——『投机取巧』又何妨

运用反向思维反败为胜

在考虑问题时不但应该放宽去想，还应该反向去想，反向思维虽然有点"险"，但却常能出奇制胜。

反向思维是不随大流走最极端的形式，它不但不随大流，反而朝相反的方向走。这种反向思维虽然有点冒险，但却常因独辟蹊径而获得起死回生、反败为胜的作用。

从前，有位商人和他长大成人的儿子一起出海远行。他们随身带上了满满一箱子珠宝，准备在旅途中卖掉，但是没有向任何人透露过这一秘密。一天，商人偶然听到了水手们的低声交谈。原来，他们已经发现了他的珠宝，并且正在策划着谋害他们父子俩，以掠夺这些珠宝。

商人听了之后吓得要命，他在自己的小舱内踱来踱去，试图想出一个摆脱困境的办法。儿子问他出了什么事情，父亲于是把听到的全告诉了他。

"同他们拼了！"年轻人断然道。

"不，"父亲回答说，"他们会制服我们的！"

"那把珠宝交给他们？"

"也不行，他们会杀人灭口的。"

过了一会儿，商人怒气冲冲地冲上了甲板，"你这个笨蛋！"他冲儿子叫喊道，"你从来不听我的忠告！"

"老头子！"儿子也同样大声地说，"你说不出一句值得我听进去的话！"

当父子俩开始互相谩骂的时候，水手们好奇地聚集到周围，看着商人冲向他的小舱，拖出了他的珠宝箱。"忘恩负义的家伙！"商人尖叫道，"我宁肯死于贫困也不会让你继承我的财富！"说完这些话，他打开了珠宝箱，水手们看到这么多的珠宝时都倒吸了口凉气。而商人又冲向了栏杆，在别人阻拦他之前将他的宝物全都投入了大海。

又过了一会儿，父子俩都目不转睛地注视着那只空箱子，然后两人躺倒在一起，为他们所干的事而哭泣不止。后来，当他们单独一起待在小舱时，父亲说："我们只能这样做，孩子，再没有其他的办法可以救我们的命！"

"是的，"儿子答道，"您这个法子是最好的了。"

轮船驶进了码头后，商人同他的儿子匆匆忙忙地赶到了城市的地方法官那里。他们指控了水手们的海盗行为和犯了企图谋杀罪，法官派人逮捕了那些水手。法官问水手们是否看到商人把他的珠宝投入了大海，水手们都一致说看到过。法官于是判决他们都有罪。法官问道："什么人会弃掉他一生的积蓄而不顾呢？只有当他面临生命的危险时才会这样去做吧？"水手们听了羞愧得表示愿意赔偿商人的珠宝，法官因此饶了他们的性命。

这个久经商场磨炼的商人见识确实高人一等，遇到会被人谋财害命的危险时，一般人的做法就是跟对方拼了，或者是献财保命，但这位商人却偏偏反其道而行之：不跟对方撕破脸，反而做出一无所知的样子，不把财宝献给水手，反而把它们抛入大海。身陷绝地的时候，如果按常规出牌往往会招致大败，但若反其道而行，则可能会获得一线生机，故事中的父子便用反向思维保住了生命，又获得了赔偿。

反其道而行之的做法是一种独特做事方法的体现，它既是一种创新,又是一种对常规的破坏。当然,这种"破坏"不表现在对人情和风气习惯上,而是表现在能落实到具体事物上的常规思维上。新的思路往往能在常规事物之外找到突破口,当然这也需要人的清醒判断和某种可遇不可求的机遇。

打蛇七寸,借力使力

借对手之力最重要的就是抓住对手的弱点,牵住了他们的鼻子就不怕他们不跟你走。

成事的高手往往是借力的高手,这话一点儿不假。因为真正善借人之力成己之事者,其借力的形式不拘一格,常能出人意料,独创出一条借力新路。借对手之力即是其中之一。

世界上就有这种事:本来作为生意场上的对手,他急切地盼望你的失败,盼望你失败后像仆人一样拜倒在他的脚下,给他一个毫不留情地拒绝你的机会,然后心安理得地拿走本该属于你的利润。但是有时对手也会成为你的帮手,只要你掌握借力的诀窍。

当失败的阴影笼罩在希尔顿正在建造的一座饭店上时,他却审时度势,施展高明的强借术,硬是让对手掏钱帮他完成了工程。

希尔顿在建造达拉斯希尔顿饭店时,这个饭店的建筑费用要100万美元,而他当时并没有这么多钱,所以开工后不久,就没有钱买材料和交付工钱了。

希尔顿想了一个奇招,他决定去拜访地产商杜德,也就是那个卖地皮给他的人。

希尔顿找到他后，开门见山地说："杜德，我没有钱盖那房子了。"

"那就停工吧。"杜德毫不在意地说，"等有钱时再盖。"

"我的房子这样停工不建，损失的可不是我一个人。"希尔顿故意顿了一下，才接道，"事实上，你的损失将比我还要大。"

"什么？"杜德的眼睛瞪得像铜铃，不相信自己耳朵似的，"你这话是什么意思？"

"很简单。如果我的房子停工了，你附近那些地皮的价格一定会大受影响，如果我再宣扬一下，希尔顿饭店停工不盖，是想另选地址，你的地皮就更不值钱了。"

"怎么，你想要挟我？"

"没有人要挟你，我只是就事论事。"

"可是，你是没有钱才……"

"没有人知道我会没钱。"

"我会告诉他们的。"

"没有人会相信，我现在已拥有好几个饭店，规模虽都不算大，但名声却不坏。相信我的人一定比你多。同时我做的生意交际广，认识的人也比你多。"

这番话使杜德动容了，说话的气势小多了："咱们无怨无仇，你何苦跟我过不去？"

"为了希尔顿饭店的名誉，我不得不出此下策。"希尔顿的态度也变得很委婉，"我总不能让大家知道我穷得连盖房子的钱都没有吧。"

"可是，决不能为了你自己把我也给害了。"

希尔顿故意皱着眉头，沉思一会儿后说："我倒是有个两全其美的办法，不知道能不能行？"

"什么办法？"

"你出钱把饭店盖好,我再花钱买你的。"杜德张嘴欲言,希尔顿用手势止住他,接道:

"你别急,听我把话说完。你出钱盖房子,我当然不会亏待你,就等于是你盖房子卖。最主要的是,饭店的房子不停工,你附近那些地皮的价格就会上扬。我如果再想个办法宣传宣传,你的地皮不是价钱更好了吗?"

虽然这是希尔顿耍的手段,但实情也确实如此,无奈之下,杜德只好答应了他的条件。

1925年8月间,达拉斯希尔顿饭店开张了。这是一家新型大饭店,也是希尔顿饭店进入现代化的一个起点。

希尔顿让地产商按照他的设想把房子盖好,然后又让地产商以分期付款的方式卖给他。这种事听起来似乎根本不可能,但事实上,只要抓住了对手的"七寸",即使让他们干一些暂时牺牲自己利益的事,他们也会照办的。

因事制宜,出奇制胜

我们在生活中要面对的事情很多,处理不同的事情要用不同的方法和技巧,因事制宜才能把事情办好。

你能不能成功,重要一点是看你会不会办事。除非你本人确实是个独具天赋的艺术家或运动员,否则想不通过办事就能问鼎成功,几乎是不可能的。

事情有难易之分、大小之别。有的事情和自己的切身利益紧密相连就要去办，有的事情和自己关系不大则可办可不办。如果你觉得自己即将要办的事情无法办到，就不要打肿脸充胖子；如果你觉得自己即将要办的事情把握不大，就要小心谨慎、亦步亦趋；如果你觉得自己即将要办的事情可以办到，就要放开手脚去办。因事制宜，才能把事情办好。

　　要想达到办事成功的目的，就必须有一点儿绝招，见人之所未见，行人之所未行，方可达到出奇制胜的目的。

　　知不出众知，不算高明；用众所周知的办法取胜于人，也不算有本事。你能举起一根毫毛，不能说有力气；能看见太阳和月亮，不能说有眼力；能听到轰隆的雷声，不能说耳朵比别人灵。会办事的人，总是先人而出、先人而动、出奇制胜。

　　出奇制胜需要一颗灵活的头脑。有人曾经说过，所有成功的秘密就在于对你身边的一切保持高度关注，调整自己以适应周围的环境；意识到时机与资源的宝贵，在适当的时间里说别人想听的话和需要听的话。仅仅处理好事情是远远不够的，还需要在适当的时间和适当的场合去处理。

　　出奇制胜是敏锐的洞察力以及在紧急时刻快速反应能力的综合产物。

　　有个犹太商人，他把独生子送到耶路撒冷去读书。不久这个犹太商人突然病倒了，在弥留之际，他立下遗嘱，把家中所有财产都转让给了长期服侍自己的贴身奴隶。不过如果他的儿子要财产中的哪一件，奴隶须毫无条件地满足他。商人死了以后，奴隶很高兴。他披星戴月赶往耶路撒冷，找到少主人，把老爷临死前立下的遗嘱拿给他看。商人的儿子看了以后十分伤心。

　　安葬好父亲后，儿子一直在心里盘算着自己应该怎么办。最后，他跑去找社团中一个叫保罗的朋友，向他说明了情况。保罗听了以后说："你的父亲非常聪明，而且非常爱你。"儿子不满地说："把财产全部送给奴隶的人还谈得上什么聪明，简直是愚蠢。"

保罗叫这位少主人多动动脑子，只要想通了父亲希望他要的东西是什么。保罗告诉他："你父亲非常清楚，自己死后，身边没有一个亲人，奴隶可能会带着自己辛苦挣来的遗产逃走，说不定连招呼都不打。所以，你父亲才在你不在身边的情况下使用了这种把全部遗产保护下来的办法。"可是，商人的儿子还是无法明白，既然都送给奴隶了，保管得再好，对他又有什么好处？

保罗见他死不开窍，只好实话实说："奴隶的财产全部属于主人，这你是应该知道的。你父亲不是给你留下了一样财产吗？你只要选那个奴隶就行了。这是多么精明的想法呀！"

这时，儿子终于明白了父亲的良苦用心。原来，父亲使用了一个权宜之计，遗嘱中所给予奴隶的一切都用一个"但是"作为前提，把奴隶美好的一切都变成了梦幻泡影。这个"但是"是这个犹太商人所立遗嘱的关键。说穿了，犹太商人在立遗嘱时就设下了计谋让它无效，在立约时就准备要毁约，因为他当时面临的是"要么让步，要么彻底失去"这种无可奈何的选择，所以他只能选择让步，把全部财产让给奴隶，使奴隶不至于带着财产逃走。这种让步是他心有不甘的，把财产全部给奴隶，和奴隶带着财产逃走是一回事。为了解决这个难题，聪明的犹太商人给遗嘱装进了一个自爆装置，儿子只要找到这个装置，就可以在履约的形式下取得毁约的效果。果然，在保罗的开导下，儿子真的启动了这个自爆装置，严肃的遗嘱在形式上得到了履行，而对那个奴隶来说，没有任何的意义。这就是出奇制胜。

我们在办事时，蕴含着很多的技巧，其中"因事制宜"和"出奇制胜"就是其中之一。聪明的犹太商人正是利用此招数成功地保住了自己的财产，他的做法很值得我们学习和借鉴。

跟着别人走，你只能居于人后

爱默生曾经说过："想要成为一个真正的'人'，首先必须是个不盲从的人。你心灵的完整性是不容侵犯的……当我放弃自己的立场，而想用别人的观点去看一件事的时候，错误便造成了……"的确，一个人，只要认为自己的立场和观点正确，就要勇于坚持下去，而不必在乎别人如何去评价。

美国的威尔逊在最初创业时，只有一台价值50美元分期付款赊来的爆米花机。第二次世界大战结束后，他做生意赚了点儿钱，于是就决定从事地皮生意。当时，在美国从事地皮生意的人并不多，因为战后人们一般都比较穷，买地皮建房子、建商店、盖厂房的人很少，地皮的价格也很低。当亲朋好友听说威尔逊要做地皮生意时，都强烈地反对。而威尔逊却坚持己见，他认为反对他的人目光短浅，虽然连年的战争使美国的经济很不景气，可美国是战胜国，经济会很快进入大发展时期。到那时买地皮的人一定会增多，地皮的价格会暴涨。于是，威尔逊用手头的全部资金再加一部分贷款在市郊买下很大的一片荒地。这片土地由于地势低洼，不适宜耕种，所以很少有人问津。但是威尔逊亲自观察了以后，还是决定买下了这片荒地。他的预测是：美国经济会很快繁荣，城市人口会日益增多，市区将会不断扩大，必然向郊区延伸。在不远的将来，这片土地一定会变成黄金地段。

后来的发展验证了他的预见。不到3年时间，美国城市人口剧增，市区迅速发展，大马路一直修到威尔逊买的土地的边上。这时，人们才发现，这片土地周围风景宜人，是人们夏日避暑的好地方。于是，这片土地价格倍增，许多商人竞相出高价购买，但威尔逊不为眼前的利益所惑，他还有更长远的打算。后来，威尔逊在这片土地上盖起了一座汽车旅馆，命名为"假日旅馆"。由于它的地理位置好，舒适方便，开业后，顾客盈门，生意非常兴隆。从此以后，威尔逊的生意越做越大，他的假日旅馆逐步遍及世界各地。

坚持一项并不被人支持的原则，或不随便迁就一项普遍为人支持的原则，都不是一件容易的事。但是，如果一旦这样做了，就一定会赢得别人的尊重，体现出自己的价值。

现在人们生活在一个充满专家的时代。由于人们已十分习惯于依赖这些专家权威性的看法，所以便逐渐丧失了对自己的信心，以至于不能对许多事情提出自己的意见或坚持信念。这些专家之所以取代了人们的社会地位，是因为是人们让他们这么做的。

没有独立的思维方法、生活能力和自己的主见，那么生活、事业就无从谈起。众人观点各异，欲听也无所适从，只有把别人的话当参考，坚持自己的观点，按着自己的主张走，一切才能处之泰然。

一个人能认清自己的才能，找到自己的方向，已经不容易；更不容易的是，能抗拒潮流的冲击。许多人仅仅因为某件事情时髦或流行，就跟着别人随波逐流而去。他们忘了衡量自己的才干与兴趣，因此把原有的才干也付诸东流，所得只是一时的热闹，而失去了真正成功的机会。

一个真正独立的"人"，必然是个不轻信盲从的人。一个人心灵的完整性是不能破坏的。当我们放弃自己的立场，而想用别人的观点来评价一件事的时候，错误往往就不期而至了。

我们也许可以做这样的理解："要尽可能从他人的观点来看事情，但不可因此而失去自己的观点。"

当我们身处于陌生的环境，没有任何经验可供参考的时候，就需要我们不断地建立信心，然后才能按照自己的信念和原则去做。假如成熟能带给你什么好处的话，那便是发现自己的信念并有实现这些信念的勇气，无论遇到什么样的情况。

时间能让我们总结出一套属于自己的审判标准来。举例来说，我们会发现诚实是最好的行事指南，这不只因为许多人这样教导过我们，而是通过我们自己的观察、摸索和思考的结果。很幸运的是，对整个社会来说，大部分人对生活的基本原则表示认可，否则，我们就要陷于一片混乱之中了。保持思想独立，不随波逐流很难，至少不是件简单的事，有时还有危险性。为了追求安全感，人们顺应环境，最后常常变成了环境的奴隶。然而，无数事实告诉人们：人的真正自由，是在接受生活的各种挑战之后，是经过不断追求、拼搏并经历各种争议之后争取来的。

如果我们真的成熟了，便不再需要怯懦地去顺应环境；我们不必藏在人群当中，不敢把自己的独特性表现出来；我们不必盲目顺从他人的思想，而是凡事有自己的观点与主张。

对于生活中的我们来说，能拥有自己的完整心灵，使其神圣不受侵犯，即坚守心灵的感应，不要盲从，不要随波逐流，这是非常重要的。请一定记住：跟着别人走，你永远只能居于人后。

不创新，就死亡

进入21世纪以后，人们口中提到最多的字就是"新"，诸如新世纪、新时代、新经济、新风貌、新发展、新气魄、新跨越等等，可谓不胜枚举。的确，新世纪是知识经济的世纪，是一日千里的信息时代。在大时代背景下，生存竞争愈演愈烈，一个人如果想在新世纪立足，就必须拥有创新精神，否则等待你的必将是淘汰、是死亡！

我们一起去看看以下几个小故事：

故事一，苍蝇的智慧

美国密执安大学著名学者卡尔·韦克曾做过这样一个实验：将6只蜜蜂及6只苍蝇装进同一个玻璃瓶中，然后将瓶子平放，让瓶底朝向窗户。这时你会发现——蜜蜂不停地在瓶底找出路，直到力竭而死；苍蝇则会在两分钟之内，穿过瓶颈找回自由。事实上，正是由于蜜蜂对光亮的喜爱和它们的超群能力，才使得它们走向灭亡。

实验告诉我们，那些过分迷信于自己的能力和判断、固守教条的人，最后往往难逃厄运。人类的生存环境变得越来越不可预期、不可想象、不可理解，生活中的"蜜蜂们"，随时都有可能撞上走不出去的"玻璃墙"。

故事二，驴子过河

驴子进城，需要渡过一条河。去时它驮着盐袋，盐遇水化了不少，驴子感到周身轻松；回来时，尝到甜头的驴子想要如法炮制一番，但这次它驮的是棉花。结果，棉花浸水以后越来越沉，驴子不堪重负，溺死在河中。

这个故事说明，在不断变化的外部环境和自身状况面前，一味套用以往的成功经验是极其愚蠢的。车辄辘往后转，人要向前看！不要习惯性地认为以前的"正确"，一直就都"正确"，很多事情必须要在尝试以后才能得出结论。解决问题的方法有很多，只要在法律、人伦允许的范畴内，能让自己的人生取得成功，那就是"正道"。在这个瞬息万变的世界中，如果你想好好生存，就必须拥有创新的智慧，而不是教条式的机智。

故事三，猴子与香蕉

有人将5只猴子关入铁笼，铁笼上方挂了一串香蕉，旁边设有一个感应装置，一旦猴子接近香蕉，立即便会有水喷向笼子。猴子们发现了香蕉，如此美味怎能放过？于是其中一只奔了过去，结果，它们全部成了落汤鸡。猴子们不甘心，一一前去尝试，结果被淋了5次。于是猴子们形成了统一意见——决不可以去拿香蕉，因为会有水喷出来。

后来，人们将其中一只猴子牵走，放入一只新猴。新猴一见到香蕉，马上就要去摘，结果被其他4只狠狠地"修理"了一顿，因为它们害怕新猴连累自己被水淋。新猴又作了几次尝试，最后被打得一头是血，因此只好作罢。人们如法炮制，再牵出一只旧猴，放入一只新猴，并且撤掉了喷水装置。然而，这只新猴依旧与它的"前辈"遭受了同等待遇。如此一来二去，笼中的旧猴全部被换成了新猴，但没有一只猴敢去动那只香蕉，虽然它们都不知道"不能动"的原因。

毫无疑问，是旧经验束缚了猴子，令原本唾手可得的美食变得遥不可及。事实上，很多人的思维与这些猴子毫无二致，他们在遭遇某类挫折之后，就变得"一遭被蛇咬，十年怕井绳"，唯唯诺诺不敢向前。殊不知，时过境迁，原本危险的东西如今或许正是成功的捷径，为何不去尝试？为何不敢突破？一个人想要有所建树，就必须打破常规，就必须要变化，只有变化了才会有希望。

美国著名管理大师彼得·杜拉克曾经说过："不创新，就死亡！"此语乃是验证无数客观事实得出的结论。近年来，宣布破产的企业老总比比皆是，原因也是各种各样，其中很重要的一条就是不懂得创新。

竞争于人而言，基本是平等的。社会环境宛如一条不断流淌的河流，时时都在动、都在变化。眼前的成功只是暂时的，任何成功的经验都不是一成不变的，你要想时刻处于成功的位置，就必须不停地否定自己，时刻督促自己进行变化、进行创新，否则后果将不堪设想。

第五章 优化"道德指数"
——以自信立身,以诚信立世

荀子说:"天地为大矣,不诚则不能化万物;圣人为智矣,不诚则不能化万民;父子为亲矣,不诚则疏;君上为尊矣,不诚则卑。"明人朱舜水说得更直接:"修身处世,一诚之外更无余事。故曰:'君子诚之为贵。'自天子至于庶人,未有舍诚而能行事也;今人奈何欺世盗名矜得计哉?"所以,诚是人之所守、事之所本。只有做到内心诚而无欺的人才是能自信、信人并取信于人的人。

诚信者遍行天下

一个不守信的人，是无法与其谈论做人之道的。我们知道，千百年来正义之人所赞赏的诚信，已成为做人的准则之一。中国人把诚信立为处世之本，崇尚诚信。在"信、智、勇"3个自立于社会的条件中，诚信是摆在第一位的。

"言必信，行必果，诺必诚"。这是中国人与他人、与社会的交往过程中的立身处世之本。中国人靠这样一个道德原则来规范自己，这与西方的契约精神有所区别。而且"诚信"在法律化的前提下随着社会文明的发展而被推进，而在人们相互的交往和所发生的关系中发挥着越来越大的作用。

李嘉诚先生就是一个很讲诚信的人，他的为人就像他的名字一样，其诚可嘉。

李嘉诚早期是做塑胶厂起家的，在塑胶厂濒临倒闭的那些日子里，李嘉诚回到家里，强做欢颜，担心母亲会为他的事寝食不安。知子莫过母，母亲从李嘉诚憔悴的脸色、布满血丝的双眼，洞察出工厂遇到了麻烦。母亲不懂经营，但懂得为人处世的常理。母亲是个虔诚的佛教徒，李嘉诚走向社会，母亲总是牵肠挂肚，早晚到佛堂敬香跪拜，祈祷儿子平安。她还经常用佛家掌故来喻示儿子。

一天，母亲平静地对李嘉诚说道：很早很早之前，潮州府城外有一座古寺。云寂和尚已是垂暮之年，他知道自己在世的日子不多了，就把他的两个弟子——一寂、二寂召到方丈室，交两袋谷种给他们，要他们去播种插秧，到谷熟的季节再来见他，看谁收的谷子多，多者就可继承衣钵，做庙里住持。云寂和尚整日关在方丈室念经，到谷熟时，一寂挑了一担沉沉的谷子来见师父，而二寂却两手空空。云寂问二寂，二寂惭愧道，他没有管好田，谷种没发芽。云寂便把袈裟和衣钵交给二寂，指定他为未来的住持。一寂不服。师父淡淡地道："我给你两人的谷种都是煮过的。"

李嘉诚悟出母亲话中的玄机——诚实是做人处世之本，是战胜一切的不二法门。李嘉诚为自己所做的事流下悔恨的眼泪。翌日，李嘉诚回到厂里，工厂仍笼罩在愁云惨雾之中。李嘉诚召集员工开会，他坦诚地承认，由于自己经营的错误，不仅拖垮了工厂，损害了工厂的信誉，还连累了员工。他向这些天被他无端训斥的员工赔礼道歉，并表示，经营一有转机，辞退的员工都可回来上班，如果找到更好的去处，也不勉强。他还表示，从今以后，保证与员工同舟共济，决不损及员工的利益而保全自己。

李嘉诚说了一番鼓励大家渡过难关、谋求发展的话，员工的不安情绪基本稳定，士气不再那么低落。

接着，李嘉诚一一拜访银行、原料商、客户，向他们认错道歉，祈求原谅，并保证在放宽的限期内一定偿还欠款，对该赔偿的罚款，一定如数付账。李嘉诚丝毫不隐瞒工厂面临的空前危机——随时都有倒闭的可能，恳切地向对方请教拯救危机的对策。

李嘉诚的诚恳态度，使他得到他们中大多数人的谅解。他们都是业务伙伴，长江塑胶厂倒闭，对他们同样不利。银行放宽了李嘉诚偿还贷款的期限，但在他未偿还贷款前，不再发放新贷款。原料商同样放宽了李嘉诚付货款的期限，对方提出，长江厂需要再进原料，必须先付70%的货款。客户涉及好些家，态度不一，但大部分还是做了不同程度的让步。有一家客户，曾把长江厂的次品批发给零售商，使其信誉受损。经理怒气冲冲地来长江厂交涉，恶语咒骂李嘉诚。李嘉诚亲自上门道歉，该经理很不好意思，承认他的过失莽撞。该经理说李嘉诚是可交往的生意朋友，希望能继续合作，他还为长江厂摆脱困境出谋划策。

李嘉诚的"负荆拜访"，达到初步目的。他却不敢松一口气，银行、原料商和客户，只给了他十分有限的回旋余地，事态仍很严峻。

积压产品，库满为患。这些产品之中，一部分是质量不合格；另一部分是延误交货期的退货，而产品质量并无问题。李嘉诚抽调员工，对积压产品普查一次，将其归为两类，一类是有机会做正品推销出去的；一类是款式过时，或质量粗劣的。

李嘉诚如初做行街仔那样，马不停蹄地到市区推销，把正品卖出一部分。他不想为积压产品拖累太久，就全部以极低廉的价格卖给专营旧货次品的批发商，在制品的质检卡片上一律盖上"次品"的标记。之后李嘉诚陆续收到货款，分头偿还了一部分债务。

路遥知马力！李嘉诚用真诚重新拾回了别人的信任，他获得了新订单，筹到购买原料、添置新机器的资金。被裁减的员工又回来上班，李嘉诚还补发了他们离厂阶段的工薪。李嘉诚又一次拜访银行、原料商和客户，寻求进一步谅解，商议共渡难关的对策。渐渐地工厂出现了转机，产销渐入佳境。

1955年的一天，李嘉诚召集员工聚会。他首先向员工鞠了三躬，感谢大家的支持，然后，用难以抑制的喜悦之情宣布："我们厂已基本还清各家的债款，昨天得到银行的通知，同意为我们提供贷款。这表明长江塑胶厂已走出危机，将进入柳暗花明的佳境！"

此后，李嘉诚的生意越做越大，也不仅仅局限于塑胶行业，并成为了世界闻名的巨富。他的成功，与他做人处世的谦逊、节俭、诚信是有着密切关联的。

我们应以李嘉诚为榜样，做事时目光要放得长远，不讲诚信只能得一时之利，而不能得一世之利。当我们有了困难需要别人帮助的时候，别人也是看在我们的人品上才会伸出援手的。试问谁又会去帮助一个不讲诚信、没有原则的人呢？

一口唾沫一个坑

魏晋时有个叫卓恕的人，为人笃信，言不宿诺。他曾从建业回上虞老家，临行与太傅诸葛恪有约，某日再来拜会。到了那天，诸葛恪设宴专等。赴宴的人都认为从会稽到建业相距千里，路途之中很难说不会遇到风波之险，怎能如期。可是，"须臾恕至，一座皆惊"。

由此看来，诚是一个人的根本，待人以诚，就是以信义为要。精诚所至，金石为开，诚能化万物，也就是所谓的"诚则灵"，正是说明了诚的重要性。相反，心不诚则不灵，行则不通，事则不成。一个心灵丑恶、为人虚伪的人根本无法取得人们对他的信任。所以，荀子说："天地为大矣，不诚则不能化万物；圣人为智矣，不诚则不能化万民；父子为亲矣，不诚则疏；君上为尊矣，不诚则卑。"明人朱舜水说得更直接："修身处世，一诚之外更无余事。故曰：'君子诚之为贵。'自天子至于庶人，未有舍诚而能行事也；今人奈何欺世盗名矜得计哉？"所以，诚是人之所守、事之所本。只有做到内心诚而无欺的人才是能自信、信人并取信于人的人。

一个人立身处世，信用很重要，这是人名誉的根本，是魅力的深层所在。但信用绝非一朝一夕便可树立。

我们常说的"君子一言，驷马难追"，讲的就是人的信用的重要。一个没有信用的人，是为人所不齿的。现在的生意场上，公司、企业做广告、做宣传，树立公司、企业在公众中的形象，就是想提高公司、企业的信用度。信用度高了，人们才会相信你，和你来往，成交生意。不过，公司、企业的信用度得靠产品够佳的质量、优良的服务态度来实现，而非几句响亮的广告词、几次优惠大酬宾便可做到。人的信用也是如此。

吹牛皮的人，可以用自己的嘴巴将火车吹着跑。人的信用，不是靠三寸不烂之舌便可"吹"得起来的，得看实实在在的行动。说得天花乱坠，而做起来又是另一套，只会让人更厌恶、更看不起，何谈为人的信用？

获得众人的信任，铸就自己的信誉，不论你采取何种方法，笃诚、守信及勤劳是最根本的要诀。

承诺的力量是强大的。遵守并实现你的承诺会使你在困难的时候得到真正的帮助，会使你在孤独的时候得到友情的温暖。因为你信守诺言，你诚实可靠的形象推销了你自己，你便会在生意上、婚姻上、家庭上获得成功。

这并不是空话，有许多事实可以证明这一点，国内外知名度很高的企业无不把信誉摆到第一位，受人尊敬的人无不是守信用的楷模。

相反，有些人随随便便地向别人开"空头支票"，到头来又不兑现，相信他们无论在哪一方面都不会成功的。

马来西亚文人朵拉写了一篇文章，题目叫《答应不是做到》。作者在总结人们的应酬交际活动时，提出了人们在交往中的一种不诚实、不信守诺言的现象。文章写道：

很多时候,我们要求别人办事,他们的反应是:"好的,好的。"年轻的时候,我听到朋友这样回答,就非常放心,并且感动得很,因为有些朋友实在是才结交不久的。然而过不了多久,便发现自己的心放得太早了。当人们点着头说"好的,好的"时,他只是口头上说好,至于真的去实行,如果10个里有一个,就是你的幸运了。

文章中说,这类交际者"承诺时,态度看起来非常诚恳,日子走过,把说过的话当成风中的黄叶,霎时便无影无踪"。

时常用自己之心去度朋友之腹,结果得到的是证实自己是错误的。也用不着去埋怨被谁欺骗,欺骗自己的其实正是自己。

说到底,承诺是一种信誉、一种责任。我们全然忽视了它的重要意义。答应帮助别人做的一点儿小事,是没有必要签订合同的。承诺的结果是应诺、履践诺言。真正的应诺有时像美丽的童话,让人感动得心灵震颤。

朝三暮四式地狡诈,最终必然失信于人。失信于人,不仅显示其人格卑贱、品行不端,而且是一种只顾眼前不顾将来、只顾短暂不顾长远的愚蠢行为,终将一事无成。大丈夫理应吐口唾沫一个坑,失信于人,君子不为。

用诚信打造人生品牌

有一句话说:"敦厚之人,始可托大事。"一个人如果不够诚实、不讲信用,往往在交际上成为两面派,在社会上成为唯利是图的小人。

这样的人是不会交到真正的朋友的。交友如果不交心，一切都不会长久。人与人之间办事，需要相互以诚相待，真正的大丈夫要言而有信、诚实可靠。在与朋友交往中，要言行一致、信守诺言。

不论在生活上或是工作上，一个人的信用越好，就越能成功地打开局面，可以说，诚信就是你最好的人生品牌。

不管在什么情况下，请务必恪守诚信，要用自己的行动去消除别人的怀疑，让他们亲眼看到你所做的一切都是为了他们的利益。换言之，你可以放弃其他，给人一个可信的面孔。

历史上著名的改革家商鞅，为尽快实施自己的变法主张，就用"诚信"为自己铸造了一面金牌。

公元前350年，商鞅积极准备第二次变法。

商鞅将准备推行的新法与秦孝公商定后，并没有急于公布。他知道，如果得不到人民的信任，法律是难以施行的。为了取信于民，商鞅采用了这样的办法。

这一天，正是咸阳城赶大集的日子，城区内外人来人往，车水马龙。

时近中午，一队侍卫军士在鸣金开路声引导下，护卫着一辆马车向城南走来。马车上除了一根3丈多长的木杆外，什么也没装。有些好奇的人便凑过来想看个究竟，结果引来了更多的人。人们都弄不清是怎么回事，反而更想把它弄清楚。人越聚越多，跟在马车后面一直来到南城门外。

军士们将木杆抬到车下，竖立起来。一名带队的官吏高声对众人说："大良造有令，谁能将此木杆搬到北门，赏给黄金10两。"

众人议论纷纷。人们互相打探、询问……谁也说不清是怎么回事。因为谁都没听说过这样的事。有个青年人挽了挽袖子想去试一试，被身旁一位长者一把拉住了,说:"别去,天底下哪有这么便宜的事,搬一根木杆给10两黄金:咱可不去出这个风头。"有人跟着说:"是啊,我看这事儿弄不好是要掉脑袋的。"

人们就这样看着、议论着,没有人肯上前去试一试。官吏又宣读了一遍商鞅的命令,仍然没有人站出来。

城门楼上,商鞅不动声色地注视着下面发生的这一切。过了一会儿,他转身对旁边的侍从吩咐了几句。侍从快步奔下楼去,跑到守在木杆旁的官吏面前,传达商鞅的命令。

官吏听完后,提高了声音向众人喊道:"大良造有令,谁能将此木杆搬至北门,赏黄金50两!"

众人哗然,更加认为这不会是真的。这时,一个中年汉子走出人群对官吏一拱手,说:"既然大良造发令,我就来搬,50两黄金不敢奢望,赏几个小钱还是可能的。"

中年汉子扛起木杆径直向北门走去,围观的人群又跟着他来到北门。中年汉子放下木杆后被官吏带到商鞅面前。

商鞅笑着对中年汉子说:"你是条好汉!"商鞅拿出50两黄金,在手上掂了掂,说:"拿去!"

消息迅速从咸阳传向四面八方,国人纷纷传颂商鞅言出必行的美名。商鞅见时机成熟,立即推出新法。第二次变法就这样取得了成功。

你若要让你的信用代表你,让你的名字走进每一个与你打过交道的人心中,你就要使他们信赖你,觉得你是一个可靠的人。

如果你以前没有运用这个秘诀,那么,便从现在开始吧!

总之,树立一个诚实、守信的形象会让你的交际之路更加宽广,会让你的事业迈上一个新的台阶,会让你在办事时有更多的成功胜算,从而让你的人生之路越走越宽广。

忠诚于自己的事业

在西班牙与美国的战争一触即发之际，当务之急是让军队统帅得知古巴情况。可是，加西亚将军隐蔽在深山之中，没有人知道他在哪儿，也无法与之取得联系。但情势紧急，美国总统必须要与他达成合作，该怎么办？

这时有人报告："罗恩可以帮您把信送给加西亚。"

罗恩接到命令以后，甚至没有问一句"他在哪"便出发了。

他将信用油布密封，绑在胸前，偷渡古巴海岸，穿越丛林，步行穿过西班牙军队辖区，冒着生命危险，历尽千辛万难，最终将信交给了加西亚。

没有人知道他是怎样做到这一切的，他甚至连加西亚的具体位置都不知道。但是，他做到了，而这一切只缘于他心中有一种坚定的信念——无限忠诚于自己的事业！

每个人都希望自己的事业能够成功，但做到这一点又谈何容易？只因为大部分人缺少对事业的忠诚。须知，要想成功，你就必须具有尽职尽责、善始善终等职业道德。

任何一家想在竞争中胜出的公司，都必须设法使每个员工对工作负责。因为没有负责精神的员工，根本无法为顾客提供高质量的服务，同样更难以生产出高质量的产品。推而广之，一个国家如果想立于世界之林，也必须使其国民具有高度责任感：警察应该尽职尽责为民众服务；

行政官员应该勤奋思考并制定和执行政策；议员代表应该勤于问政……只有每个人都做到尽心尽责，社会才会真的和谐。

然而，无论我们从事什么行业，无论到什么地方，总是能发现许多投机取巧、逃避责任、寻找借口的人。他们不仅缺乏一种神圣使命感，而且缺乏对人生意义的理解。

对工作高度负责的态度，表面上看起来有益于公司，有益于老板，但最终的受益者却是自己。

当我们将负责变成一种习惯时，就能从中学到更多的知识，积累更多的经验，就能从全身心投入工作的过程中找到快乐。这种习惯或许不会有立竿见影的效果，但可以肯定的是，当"不负责"成为一种习惯时，其结果可想而知。工作上投机取巧也许只给你的老板带来一点点的经济损失，但却可以毁掉你的一生。

有一个才华横溢的年轻人，却缺乏恪尽职守的精神。一次，报社急着发稿，他却搂着稿件在家睡大觉，因而影响了整个出版流程。试想，这种人又怎会得到重用？

一个对工作不负责任的人，往往是一个缺乏自信的人、散漫怠惰的人，也是一个无法体会快乐真谛的人。要知道，当你将责任推给他人时，实际上也是将自己的快乐和信心转移给了他人。

有人问一位成功学家："你觉得大学教育对于年轻人的将来是必要的吗？"这位成功学家的回答发人深省：

"单单对经商而言不是必须的。商业更需要的是高度负责的精神。事实上，对于许多年轻人来说，大学教育意味着在他们应当培养全力以赴的工作精神时，被父母送进了校园。进了大学就意味着开始了他一生中最惬意、最快活的时光。当他们走出校园时，他们正值生命的黄金时期，但此时此刻他们往往很难将自己的身心集中到工作上，结果眼睁睁

| 103 |

地看着成功机会从身边溜走，真是很可惜啊。"

也许对于一个对工作还不是太熟悉的人而言，高度负责仍然不能将工作做到位，但坚持下去就不会再有任何困难。如果没有这种高度负责的精神，那么，困难就永远都会是困难，不怕你不会做工作，而怕你不负责地去做。志在成功的朋友，请一定要忠诚于自己的事业。

我一定行

所谓信心，即由于自身产生了某种信仰，而感觉自己正被世界所相信的一种心理。一个人唯有充满信心，其行动的可能性才会更高。

一个女人若是不认为自己美丽，那么她注定只能做一个丑女；一个男人若是不认为自己才华横溢，那么他注定与庸人为伍；同样，一个人如果质疑自己的能力，那么他注定不会成功。

对自己缺乏基本的、适度的信心，在生活中就不可能具备刚毅、无畏的品质，就不可能充满激情、充满斗志地去追求自己的目标。这样的人，注定碌碌无为，他的生活甚至会举步维艰，又何谈幸福呢？

我们来做个假设：

倘若给你一个任务——每天销售3套时装，为期半个月，或许你会回答："这不是问题，我做得到。"但是，倘若要求你连续12年，平均每天销售6辆汽车呢？相信你肯定会摇头："这不可能！"

事实上这是可能的！"世界上最伟大的推销员"——乔·吉拉德先生，其职业生涯中共计卖出汽车13001辆，而且均为一对一销售，他也因此创造了吉尼斯汽车销售纪录。

乔·吉拉德出生于美国大萧条时代，其父辈为西西里移民，家境贫寒。乔·吉拉德从9岁开始为人擦皮鞋，以贴补家用，但脾气暴躁的父亲依然时常对他进行打骂。人们都很歧视他，认为他是个没用的"废物"。

这种情况下，他勉强读到高中便辍学了。父亲的打击、邻里的歧视，令他逐渐丧失了自信，他开始口吃起来。35岁以前，他更换过了40份工作，甚至当过扒手、开过赌场，但终究一事无成，而且背负了巨额的债务。

难道真的如父亲所说，自己就是一个废物？乔·吉拉德似乎有些绝望。幸运的是，他有一位非常伟大的母亲。母亲时常鼓励乔·吉拉德："乔，你必须证明给你爸爸看，证明给所有人看，让他们知道你不是个废物，你能做得非常了不起！乔，人都是一样的，机会摆在每个人面前，就看你懂不懂得争取。乔，你决不能气馁，你一定行！"

母亲的话给了乔·吉拉德很大鼓舞，使他重新恢复了自信，重新燃起了对成功的渴望。他在心中暗暗发誓：我一定要证明父亲错了！我一定行！为了克服口吃的毛病，他选择了从事销售行业，而且是极具挑战性的汽车销售。工作中，他一直坚持以诚信为本，谨守公平原则；工作方法上，他从不拘泥于"经验"，总是不断推陈出新，超越自我。

他以自己的真诚、热情，以及别出心裁，赢得了客户的广泛青睐。他成功了！他从一个饱受歧视、一身债务、几乎走投无路的"废物"，一跃成为"世界上最伟大的销售员"！他被欧美商界誉为"能向任何人推销任何商品"的传奇人物。他所创下的记录——连续12年，平均每天销售6辆汽车，迄今为止依然无人能够望其项背！而这一切，只缘于最初的那一句："我一定行！"

第五章　优化"道德指数"——以自信立身，以诚信立世同样的，你也一定行！只要心中充满自信，相信成功一定不会遥远。

自信是成功的推动器，自信成就了一批批传奇人物。但是，自信决不是英雄的专利，平凡人也需要自信，缺乏自信的人生必不完美，缺乏自信的人不可能成功。

自信的反义词是自卑，它是一种心理缺陷，会阻挠人的潜能发挥，会妨碍希望的实现。据统计，世界上有2/3的人营养不良，只是程度不同而已；同样，世界上也有2/3的人患有"自卑症"，也只是程度不同而已。想要成功，你就必须驱赶自卑，重拾自信。请时刻记住那句话——我一定行！

天生我材必有用

李白在屡受挫折后，发出这样一声长啸："天生我材必有用，千金散尽还复来！"这决不是失望后的自我慰藉，这其中饱含对自我、对个人价值的绝对肯定，这是何等的自信！

正如李白所言，每个人来到世界上，都会有其独特之处，都会存在其独特的价值。由此可以说，每个人在世界上都是独一无二的，每个人都有其"必有用"之材。只是，也许有时才能藏匿得很深，需要我们全力去挖掘；有时我们的才能又得不到别人的认可……但我们决不能因此而否认自己的才能，更不能因为生活中的挫折、失败而怀疑自己的能力，就此失去信心，一蹶不振。

纵览古今中外，你会发现，很多知名人士都曾有过与你一样的痛苦经历——他们亦曾被老师、同事，甚至是家人所阻挠，众人否定他们的才能，断言他们决不可能做成自己想做的事。但是他们对自己的才能从未有过一丝怀疑，他们矢志不移地坚持着，最终将自己的才能发挥得淋漓尽致。

达尔文的父母希望儿子成为神父，可达尔文热衷于生物。他令父母失望了，但他始终坚持自己在生物方面的过人才能。他找到了自己正确的位置，终于写下了不朽的名著《进化论》，因而流芳百世。试想，倘若他唯父母之命是从又会怎样？

当艾利斯·赫利还是一个不出名的文学青年时，4年内平均每周他都会收到一封退稿信。后来，艾利斯几欲停止《根》这部著作的撰写，自暴自弃。他感到自己壮志难酬、空负其才，于是准备跳海轻生。当他站在船尾、面对滚滚浪涛时，突然听到所有已故亲人都在呼唤："你要做自己该做的，因为我们都在天国凝视着你，不要放弃！你行的，我们期盼着你！"几周以后，《根》这部著作终于完成了。

1905年，艾尔伯特·爱因斯坦的博士论文被波恩大学"打了个大大的叉"。原因是——论文离题且通篇奇思怪想。爱因斯坦为此感到沮丧，但并没有丢掉信心。

伍迪·艾伦——奥斯卡最佳编剧、最佳制片人、最佳导演、最佳男演员、金像奖获得者，他在大学时英语竟然不及格。

利昂·尤利斯，作家、学者、哲学家，却曾3次没有通过中学的英文考试。

美国著名画家詹姆斯·惠斯勒曾因化学不及格而被西点军校开除。

"篮球之神"迈克尔·乔丹曾被所在的中学篮球队除名。

英国前首相温斯顿·丘吉尔被牛津大学和剑桥大学以其文科太差而拒之门外。

……

事实证明,即使是如今已被公认的天才,曾几何时也曾遭到众人的质疑,也曾受到过各种打击。值得庆幸的是,他们没有被打击、挫折、失败所折服,他们始终相信自己的能力。也正因为如此,他们才能取得令人仰视的成就,才能将自己的名字深深刻在了历史的丰碑之上!

"天下之物,见行可以测微,智者决之,拙者疑之。"做人,决不能用世俗的眼光看待自己的人生,调转一个角度去寻找你的人生焦点,用自己特有的处世之道去展示自我,相信自己的能力,用能力折服别人,用能力告诉他们:我是最好,我是唯一!只要你相信"天生我材必有用",大千世界就一定会有你的用武之地!

我命由我不由天

很多事情我们无法左右,譬如出身、譬如先天残疾、譬如疾病……但可以肯定的是,我们能够主宰自己的未来,只要信念不失,只要拥有顽强的精神和毅力,你就能够战胜一切苦难,成为生活中的强者,因为——我命由我不由天!

1940年6月23日,鲁道夫出生在美国一个普通黑人家庭,出生时只有两公斤重,而后又得了肺炎、猩红热和小儿麻痹症,几乎夭折。因为家庭贫穷无法及时医治,从那时起,她的双腿肌肉逐渐萎缩,到4岁时,左腿已经完全不能动弹,这极大地刺伤了年幼的鲁道夫。

一转眼,鲁道夫已经6岁,该上学了。这时,鲁道夫再也忍受不住，她多么渴望自己能像其他小孩一样，步入充满欢乐的校园啊。一天，她穿上特制的鞋子，独自下床。谁知脚刚一着地，就支撑不住了。然而，她并没有灰心，而是咬紧牙，扶着椅子，将全部力气集中到双腿上……身子慢慢站了起来。接着，在家人的鼓励声中，她迈出了有生以来的第一步。

11岁那年，鲁道夫依旧不能正常走路，这使父母焦虑万分。后来母亲出了个主意，让她尝试着打篮球，以加强腿部肌肉的力量。鲁道夫立刻迷上了这项运动，经过一个阶段的锻炼，奇迹出现了！她不但身体变得强壮起来，而且能够正常走路了，甚至还能够参加正常的篮球比赛。

一次，鲁道夫正在参加一场篮球比赛，恰巧被一个名叫E·斯普勒的田径教练发现。他觉得她有着超人的弹跳力和速度，就建议她改练短跑，并热情地鼓励她说："你是一只小羚羊，将来一定会成为世界短跑纪录创造者和奥运冠军。"

果然，在斯普勒的悉心教导下，鲁道夫迅速成长起来。在田纳西州，她成了全州女子短跑明星，开始在美国田坛崭露头角。1995年，在芝加哥举行的第三届泛美运动会上，鲁道夫与队友一同为美国队摘得了4×100米接力的金牌。

16岁那年，她在美国参加墨尔本第十六届奥运会选拔赛时，又出人意料地以24秒2的成绩创造了200米跑的全国纪录。在墨尔本奥运会上，她作为4×100米接力的一员，为美国队以44秒9的成绩赢得铜牌立了一功。这使鲁道夫欣喜若狂，也使她更加勤奋。

4年之后，鲁道夫已成长为一个体型修长、面容姣美的姑娘。她两腿长得出奇，体型像个时装模特儿。由于她跑姿优美、动作协调，步幅大而轻松，弹跳有力，速度惊人，许多田径专家们惊叹：看鲁道夫赛跑，简直是一种美的享受，使人获得美的启迪。

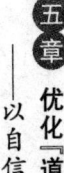

第五章 优化『道德指数』——以自信立身，以诚信立世

| 109 |

1960年7月9日，在科珀斯·克里斯蒂，鲁道夫以22秒9的成绩，刷新了澳大利亚女运动员贝蒂·卡思伯特保持的女子200米跑的世界纪录，成为世界上第一位突破这一项目"23秒大关"的女运动员。由于她跑得像羚羊一般地迅速，所以获得了"黑羚羊"的绰号。

　　罗马奥运会女子田径100米跑的预赛，鲁道夫起跑虽不算太快，但当她跑出10~15米以后，便风驰电掣般地超越了对手。当时，世界各国的体育评论员已经看出，在罗马根本没有她的对手。果然，鲁道夫以11秒3平了女子100米跑的世界纪录，接着，在100米决赛时，她以11秒获得了金牌，可惜因风速（+2752米/秒）超过规定，未被承认为世界纪录。

　　翌日，在200米跑的预赛中，鲁道夫再接再厉，以23秒2创造了女子200米跑的奥运会纪录；决赛中，她又以24秒的成绩获得了第二枚金牌。罗马及来自世界各地的观众均为她喝彩，为她所倾倒。

　　9月7日，鲁道夫作为美国4×100米接力跑的最后一棒队员参加角逐，她与队员同心合力，配合默契，以44秒4的成绩创造了世界纪录；9月8日，美国队在决赛中一马当先，4个人如火箭发射器那样，以强大的推动力，用44秒5的成绩独占鳌头。鲁道夫独得了3枚金灿灿的金牌！

　　鲁道夫以她的成绩向世人证明，纵使命运不公，但若有顽强的毅力、强大的自信，就足以成为生活的强者。

　　命运并不可怕，怕的是向命运低头，怕的是白白浪费天分却仍不自知。那些自甘沉沦的朋友请及时醒悟，坚持下去，你就能主宰命运！

不要被以往的失利击倒

应激是人们在遭遇突发状况时产生的情绪状态，有两种表现：一种是使活动抑制或完全紊乱，做出不适当反应；另一种是使各种力量集中起来，使活动积极起来，以应付这种紧张的情况。这时，思维会变得特别清晰明确。

一个人的应激状态如何，将直接影响他的一生。人生于世，难免会遇到各种意想不到的变故，困难和危机时有发生。在意外面前，你做出怎样的反应，必会产生相应的结果。好的应激状态能够调动各种潜力，以应付紧张局面，可以使人急中生智，化险为夷。

反之，思维则会变得迟缓、混乱，动作受到抑制而束手无策。这种应变能力不强的人是不会有大成就的。

大量事实证明，一个人若能掌控自身情绪，正确面对以往的失利，使自己始终保持积极、稳定的状态，成功就不会离他太远。

安徒生出生于一个十分落魄的鞋匠家庭，他的童年有快乐，同样也有痛苦。他的快乐来源于爸爸，因为爸爸很会讲童话，童话给予他梦想与快乐；他的痛苦来自于贫穷，因为贫穷，他不能与其他孩子一样，买新衣服、买玩具、买书，他为贫穷感到苦恼。

上学以后，一次，安徒生向一个美丽的小女孩表示友好："长大以后，我要驾着金色马车将你接进我的城堡！"翌日，安徒生刚刚迈入学校，一个富家子弟就过来找茬，口中骂道："你一个臭鞋匠的儿子，还做梦想住进城堡里？"周围立刻迸发出一阵嘲笑之声。

在这种贫困、艰苦的条件下，安徒生渐渐长大成人。于是，家人开始为他的前途做打算。妈妈希望他能找到一份文书工作，而奶奶却期望有朝一日他能成为一个知名裁缝。安徒生也有自己的打算，他想当一名演员。

一次，吉尔登堡上校带着安徒生前去拜见克里斯蒂安亲王，试图借他之力实现安徒生的演员梦。遗憾的是，克里斯蒂安亲王在看过安徒生的演出以后，非常婉转地说道："孩子，你还是去学车工吧！"

挫折并没有令安徒生放弃，他仍在继续自己的梦想，他又找到了一个机会——在《拉娜莎》中扮演一个婆罗门教徒。但是，安徒生刚一亮相就引发了一阵哄笑，因为他实在太瘦了，简直是皮包骨头。为此，剧院辞退了他。

眼见演员梦离自己越来越远，安徒生开始"改行"写剧本。当他将自己的作品交给皇家剧院经理看时，经理对他说道："剧本文化素养不足，不适合演出。不过，我似乎看到一位天才即将诞生，我想为你申请公费学习。"于是，在这位伯乐的帮助下，安徒生终于走进了梦寐以求的大学殿堂。

大学期间，安徒生开始进行童话创作，而且越写越难收笔，一直将自己写成全球闻名的童话作家。在经历了重重挫折以后，安徒生终于找到了适合自己的人生之路。

俗话说："宝剑锋从磨砺出，梅花香自苦寒来。"以往的失利于你而言，更应该是一种历练。面对挫折，我们一定要把握好方向，决不能让不良情绪将自己重重包围，只有这样，你的人生才有希望。

所谓"物竞天择，适者生存"。当遭遇挫折或失败以后，我们有时或许可以重塑自己的理想与目标，重拾信心，换一种方式让自己再站起来。

事实上，即便是那些成功者，或多或少也都经历过挫折与坎坷，只是他们懂得如何去面对，懂得如何去克服，所以他们成就了一番事业。自然，倘若你亦能如此，那么你也会是一名成功者。

用骨气震慑不可一世的对手

徐悲鸿大师的座右铭——"人不可有傲气，但不可无傲骨"真可谓一针见血，发人深省。的确，人一旦有了傲气，往往就会自命不凡、眼高于天，似乎天下唯他独大，这已然为日后的失败埋下了伏笔。然而，傲气虽不可有，但傲骨决不能无。所谓傲骨，就是一种志气，是一种自信，是一种坚韧不拔、不卑不亢的性格。人生之旅漫长悠远，途中难免会遭遇挫折与坎坷，难免要遭受讽刺与白眼。对此，有些人自怨自艾，喟叹命运不公，就此沉沦、一蹶不振；有些人等闲视之，寻找原因迎难而上，最终跃马而归。究其根由，主要是因为前者丧失了自信，傲骨涣散，甘为命运所摆布；而后者自信满满，傲骨依然，将命运牢牢掌控在了自己手中。

中国人向来推崇韬光养晦，就是要把傲气摒除于外，但前提是必须要有傲骨，这是做人的原则。有时候，尽管你力量不济，用骨气——仅仅是骨气，就能挫败蔑视你的、不可一世的对手。

大卫的叔叔是一个农庄庄主，拥有不少黑奴。一天下午，大卫和叔父在磨坊里磨麦，正当他们忙得不可开交之时，磨房的门被轻轻打开了，一名黑奴的孩子走了进来。大卫叔叔回头看了看，语气恶劣地问道："什么事？"

女孩清朗地回答："我妈妈让我向您要5毛钱。"

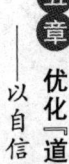

"不行！你这个黑奴崽子、穷鬼，回去！"

"是。"女孩口中应着，身子却一动未动。

大卫的叔叔只顾埋头工作，根本没有察觉到她还在那里。待他再度抬起头看到女孩还静静地站在门口时，他火了，大声赶她：

"我叫你回去，你听不懂啊！再不走，我让你好看！"

女孩依旧应了声："是。"但却仍然动也不动地站在那儿。

这可真把大卫的叔叔气得火冒三丈。他重重地放下手上的一袋麦子，顺手抓起身边的一只秤杆，恼羞成怒地向门口走去。大卫看了看叔叔难看的脸色，再回想整个事件过程，料到一定会发生严重的事情。

然而，那个女孩毫无惧色，不等叔叔走去，反而先迎上一步，凛然的眼神眨也不眨地仰视着凶恶的主人，一字一句地说道：

"我妈妈说无论如何都要拿到5毛钱！"

大卫的叔叔一下愣住了，细细地端详着女孩的脸，缓缓地放下秤杆，从口袋里掏出了5毛钱。

黑人小女孩面对凶恶的主人，并没有被他的气势所吓倒，她以"硬"对"硬"，完完全全挫败了主人那不可一世的气焰，彻底制服了一个有权有势的白人，使得他在万分愤怒的情形下，绵羊般温驯下来。显而易见，小女孩获胜的法宝其实就是她的骨气。

我们在处世过程中，难免会遇到不讲理的人。这种人在不该大声喊叫时，却偏偏叫嚣不停，甚至还吹胡子瞪眼，百般威胁。不过，这一类人通常都是纸老虎，只要你拿出骨气据理力争，很轻松就可以击垮他们。此外，还有一些人自视过高、目中无人，不但对你提出无理的要求，甚至还强迫你无条件地接受。遇到这种情况，千万不要示弱，用骨气、就用你的骨气，就可以让他们甘拜下风。请务必记住那句话——人不可有傲气，但决不可无傲骨！

第六章 优化"处世风格"
——低调做人，高调做事

青山不语，自是一种高远，些许丘壑又岂能阻断人们仰视它的目光？

大海不语，自是一种广阔，容纳百川的肚量任谁不去艳羡？

低调做人是一种人生智慧，高调做事是一种人生态度！唯有将二者融合在一起，我们才能成就一个涵蕴厚重、丰富充实的人生。

凡成事者必谋定而后动

　　人生如棋，一味冲撞的阵前卒子很容易丢掉身家性命；唯有将帅者才知道何时该冲锋陷阵，何时该韬光养晦。做人处世须知过刚则易折，骄矜则招祸，必要时忍辱负重，刚柔并济，进退有度，谋定而后动。

　　明嘉靖时，奸臣严嵩得皇帝宠信，权势熏天，在朝中对不顺从他的大臣横加迫害。很多人敢怒不敢言，许多有志之士更是把推翻严嵩当做目标。

　　当时严嵩任内阁首辅大学士，而徐阶为内阁大学士。他在朝中很有名望，严嵩曾多次设计陷害他。徐阶装聋作哑，从不与严嵩发生争执。徐阶的家人忍耐不住，对徐阶说："你也是朝中重臣，严嵩三番五次害你，你只知退让，这未免太胆小了。这样下去，终有一天他会害死你的。你应当揭发他的罪行，向皇上申诉啊。"

　　徐阶说："现在皇上正宠信严嵩，对他言听计从，又怎么会听信我的话呢？如果我现在控告严嵩，不仅扳不倒他，反而会害了自己，连累家人，此事决不可鲁莽！"

　　严嵩为了整治徐阶，就指使儿子严世藩对徐阶无礼，想激怒他，自己好趁机寻事。一次，严世藩当着文武百官的面羞辱徐阶，徐阶竟然没有一点儿怒色，还不断给严世藩赔礼道歉。有人为徐阶打抱不平，要弹劾严嵩。徐阶连忙阻止，他说："都是我的错，我惭愧还来不及，与他人何干呢？严世藩能指出我的过失，这是为我好。你是误会他了。"

徐阶在表面上对严嵩十分恭顺，他甚至把自己的孙女嫁给严嵩的孙子，以取信严嵩。嘉靖四十一年（1562年），邹应龙告发严嵩父子，皇帝逮捕严世藩，勒令严嵩退休。徐阶亲自到严嵩家去安慰，使得严嵩深受感动，叩头致谢。严世藩也同妻子乞求徐阶为他们在皇上面前说情，徐阶满口答应下来。

徐阶回家后，他的儿子徐番迷惑不解，说："严嵩父子已经获罪下台，父亲应该站出来指证他们了。父亲受了这么多年委屈，难道都忘了吗？"

徐阶佯装生气，骂道："没有严家就没有我的今天，现在严家有难，我负心报怨，会被人耻笑的！"严嵩派人探听到这一情况，信以为真。

严嵩已去职，徐阶还不断写信慰问。严世藩也说："徐老对我们没有坏心。"殊不知，徐阶只是看皇上对严嵩还存有眷恋，且皇上又是个反复无常的人，严嵩的爪牙还在四处活动，时机还不成熟。他悄悄告诉儿子："严嵩受宠多年，皇上做事又喜好反复，万一事情有变，我这样做也能有个退路。我不敢疏忽大意，因为此事关系着许多人的生死，还是看情况再做定夺的好。"

等到严世藩谋反事发，徐阶密谋起草奏章，抓住严嵩父子要害，告严嵩父子通倭想当皇帝，才使得皇上痛下决心，除掉严嵩父子。

徐阶不逞匹夫之勇，默默忍耐，委曲求全以作自保，终于等到时机扳倒了严嵩父子。

没有十足的把握就不动手，徐阶的做法可谓谨慎有加。正因为他能忍辱负重，示敌以弱，才能在严嵩的步步紧逼下化险为夷，最后抓住机会一举歼敌。

我们做人处世也应该谨慎小心，不能争一时之气，急躁冒进，否则只会撞得头破血流。

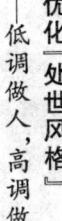

在实力不如对手时，忍耐和取信于对方是很有效的办法，可以让对手放松警惕，从而取胜。在工作与生活中，适时的隐忍也有助于人际关系的和缓。当实力不如对方时，不防默默忍耐，静候时机。

鹰立如睡，虎行似病

明朝洪应明在《菜根谭》一书中写道："鹰立如睡，虎行似病，正是它攫人噬人手段处。故君子要聪明不露，才华不逞，才有肩鸿任钜的力量。"其意为：雄鹰和猛虎在捕食前，前者立于枝头，似乎在打盹；后者行走起来宛如生病一般。然而，这不过是它们麻痹猎物、捕杀对方的一种手段。因此，君子只有善于隐晦，聪明而不外露，有才华而不张扬，才能担当起重任，实现胸中大志。

三国时的曹丕可谓是这方面的高手。

曹操曾经在嫡长子曹丕和三子曹植之间犹豫不决，不知道到底该立哪一个为世子好。依照旧例是立长子，但曹丕虽然很能干，然而曹植的文采过人，名满天下，很受曹操的喜爱和器重。

曹丕很担心弟弟会取代自己的位置，就向心腹大臣贾诩求助。贾诩性格内向，老成持重，智谋超群但从不轻易显露。他本身就是一个低调的人，因此一般人都不能了解他的才干。但善于识人的汉阳阎忠却认为他有张良、陈平之才。

贾诩为曹丕制订了扬长避短、以拙制巧之计。他对曹丕说："愿将军恢崇德度，躬素士之业，朝夕孜孜，不违子道。如此而已。"也就是说："只要您有德性和度量,兢兢业业做事,并且不要违背做儿子的礼数就可以了。"曹丕觉得贾诩的话很对,自己的办事能力不亚于弟弟,只要不给别人换世子的借口,那父亲也就没有道理要换掉自己了。于是他处处以忠厚老实的面目出现,谨慎小心,不越雷池一步,不失时机地表现自己的孝顺和德行。

有一次,曹操率兵亲征,曹植特意做了文章来歌功颂德,讨曹操的欢心,同时也向大臣们显示自己的才能。但是曹丕却伏地而泣,长跪不起,什么话也不说,就是趴在那里痛哭流涕。曹操十分惊讶,问他为何如此伤心。曹丕便哽咽道："父王年事已高,还要挂帅亲征,作为儿子,我心里又担忧又难过,觉得自己实在是太不孝了,不能替父亲分忧,所以如此悲伤。"

一语惊四座,满朝肃然,大臣们都为曹丕的仁孝而感动,连曹操都深深为之动容。相反,曹植的表现却让人觉得他没心没肺,丝毫不为父亲的亲征而担心,只知道炫耀自己,实在是有悖孝道,恐怕也不能做好一国之君。这件事使得曹丕在曹操心目中的分量加重了,天平倾向了他那一端,曹植渐渐被冷落。

后来,曹操为世子之事询问贾诩的意见,贾诩起初闭口不答。曹操说："我向爱卿请教世子之事,爱卿为什么不回答呢?"贾诩说："臣适有所思,所以一时没有回答。"曹操问他何所思,贾诩说："臣想起当初袁绍和刘表的事来。"原来,当初袁绍死后立袁尚为主,冷淡长子袁谭,结果导致子嗣间为了争权引起内乱,最终灭亡。同样,刘表也没有立长子刘琦,亦致内乱。贾诩之所以提起此二人,就是在提醒曹操前车之鉴不可忘。曹操自然也明白他的意思,又见曹丕一直表现良好,便于建安二十二年(217年)立曹丕为世子。

曹操在去世前曾评价他的几个儿子："我深爱三子曹植,但是他为人虚华,不诚实,嗜酒放纵。二子曹彰有勇无谋,四子曹熊身体多病难以保全。只有长子曹丕，为人笃厚恭谨，可继我业。"

当曹操的死讯传来时，曹氏兄弟都在外地，但表现各不相同。曹丕在邺郡，当他得知父亲的棺椁即将到来时，便率领大小官员出城10里，披麻戴孝，伏道迎入城中，显得哀戚难忍，孝感动天。而曹植却一向是将自己的君子之风放在首位，虽然听闻使者来传达哀信，仍端坐不动，并不显得有多么悲哀，虽说如此很有狂士之风，但是未免让大臣们觉得他不孝。

于是在曹操死后，曹丕顺理成章地登上了魏国的王位。

如果曹丕不是按照贾诩的嘱咐以退为进，而是冲动地和曹植争夺权位，结果可能就会大不一样。因为在世人心中，他的才华明显不如曹植，而且结交的英豪也不如曹植多，胜负很难定论。但是曹丕的聪明之处就在于，他能够随顺自然，以不争为争，恪守太子本分，让曹植一个人尽情表演。结果，曹植的炫耀反而衬托了曹丕的德行，让他登上了王位。

可见，高调做人可能会在短期内赢得别人的赞赏，但更容易引起人们的挑剔，而低调做人却可以让人们长久地欣赏。一般来说，人性都是喜直厚而恶机巧，而胸怀大志者若想达成目标，毫无机巧又绝对不行。因此，想有一番作为，不但要懂得耍弄机巧，又决不能让人识破，防范、厌恶，这就要有"鹰立如睡，虎行似病"的处世应变之法。

送姬尝便、卧薪尝胆，三千越甲终吞吴

能忍辱者可分两种：（1）真正胆小懦弱之人，见势则怕，苟求安稳，往往为人所轻视；（2）为达己任，忍辱负重，伺机成大业者。毋

庸置疑，后者忍辱并非胆怯，而是"忍"有所图，乃是成大事者的一种谋略，更值得我们学习。

越王勾践送姬尝便、卧薪尝胆的故事，堪称此中经典。勾践战败后，听从范蠡、文种之言，示之以弱，服侍夫差，忍人所不能忍，终于反败为胜，一雪他日之耻。

周敬王二十四年，吴王阖闾率大军亲征越国，越王勾践迎战。此战，吴王阖闾大败而归。阖闾在返吴途中，伤重恶化，命殒黄泉。

阖闾死后，太子夫差继位，他终日不忘杀父之仇，并对天盟誓："誓要灭掉越国，为父报仇！"为坚定复仇的决心，夫差派人站于门旁，见到自己就高喊："夫差，你难道忘了杀父之仇吗？"夫差则含泪答道："杀父之仇，不敢忘记！"

为早日复仇，夫差日夜操练兵马，储备粮草，铸造武器。经过3年多的准备，吴国民富兵强，复仇时机已然成熟。周敬王二十七年，夫差遣伍子胥、伯吉为大将，统军30万，直逼越国。

越王勾践不纳范蠡、文种之言，率兵轻进，结果大战之下，越兵死伤无数，胜负已成定局。勾践见大势已去，只好在众臣保护下仓惶逃跑。吴军势如破竹，穷追不舍，将勾践藏身的会稽山围得水泄不通。勾践束手无策，便向大臣们寻求解困良策。文种说道："如今之计，惟有求和。"勾践叹气道："吴军已获全胜，此时又怎会答应讲和呢？"文种说："吴国的太宰伯嚭，是个贪财好色之徒。只需以重金和美女贿赂于他，求和就大有希望。吴王夫差十分宠信伯嚭，对他言听计从，只要他出面向吴王夫差说几句好话，求和之事，不怕夫差不同意。"

果然，伯嚭收下了美女和珠宝后，便向夫差建议与越国讲和。夫差终未能抗拒住伯嚭的花言巧语，同意了越国的求和，但提出要越王勾践夫妻入吴国做人质。勾践无奈，为求生存，更为了日后的复国大计，只好顺从夫差之意，放下国君的架子，带着王后和大臣范蠡，来到吴国。

入吴以后，勾践将所带珠宝全部送给了夫差及吴国大臣，自己住的是低矮石屋，吃的是糠皮野菜，穿的是难以遮体的粗布衣裳，每天勤勤恳恳地打柴、洗衣、养猪，如奴隶一般，毫无怨言。

每隔一段时间，夫差都要亲自巡视，当他看到勾践一直如此，顾忌之心便逐渐淡化，认为困苦和劳作已经将他们折磨得麻木不仁，不足以谨慎提防。

勾践在困于吴国的两年多中，一直忍辱负重，又不断令人贿赂伯嚭。而伯嚭，在每次收到越国礼物后，都要去夫差面前为勾践说情。日久天长，夫差便也萌生了释放之心。一次，在伯嚭为勾践讲情时，夫差便透露出欲放勾践回国的想法，但此念头被伍子胥一番激词挡了回去。

某日，勾践闻夫差身体有恙，便入见伯嚭请求探望。伯嚭奏请夫差，获准。于是，伯嚭带着勾践来到夫差病榻前。勾践一见夫差，当即伏地而跪，说道："闻大王贵体微恙，不胜焦虑，特奏请前来探望。我略通医术，可为大王诊病，望能得大王允许，以表效忠之心。"

这时，恰逢夫差要大便，勾践等人退出屋外。再次返还时，勾践拿起夫差的粪便仔细品味，尝后，勾践伏地称贺："大王即将痊愈！我尝大王粪便乃是苦味，这是病情好转的预兆。"

夫差见勾践对自己如此忠心，大受感动，当即表示，病好后就送勾践回国。

勾践回国以后，一方面送出西施等美女迷惑夫差，一方面励精图治、重整旗鼓。他为不忘吴国之耻，夜卧柴薪，吃饭时必先尝苦胆。他与大臣亲自耕作，王后则亲自纺纱织布。在这种激励下，越国迅速恢复元气，勾践终于重振雄风大败夫差，雪了前愁旧恨。

倘若勾践没有超人的毅力和隐忍之心，就不可能挺过那屈辱的3

年，倘若他没有向夫差示之以弱、恭谦谨慎，就不会得到夫差的信任，那么不仅复国无望，甚至连性命也未必能够保全。

每个人都会遭遇困境，只有常怀隐忍之心，才有可能渡过难关，东山再起，成就大业。无论是示敌以弱，还是韬光养晦，这都是为人处世的深奥哲学。

浮云焉可常蔽日

纵观人的一生，不顺时常有之，正所谓"天有不测风云"，危夕祸福孰能预料？碰上了其实很正常。问题的关键在于，如果真的碰上了我们该怎样去面对？很多人每遇此境，常喟叹造物弄人、命运不济，甚至舍不得"浪费力气"争取一下，便草草放弃。如此，再一次遭遇，再一次放弃，一而再、再而三，到最后又能留下什么？那么，为什么我们不能在浮云蔽日之时暂蓄力量，将不顺之事当做成功的垫脚石，待有朝一日厚积薄发，重新站到阳光之下呢？须知，风雨过后常现彩虹，浮云焉可常蔽日，黄沙吹尽始得金。

黄宏生——荣登福布斯富豪排行榜的传奇人物。1972 年，他随着上山下乡的大潮来到海南黎母山区，在这里做了一名知青。黎母山区是黎族和苗族聚居的地方，丛林密布，气候潮湿，生活环境十分恶劣。

但是，黄宏生始终没有失去斗志，他一直坚持学习。在那种艰苦的条件下，他尽可能找书来读。《钢铁是怎样炼成的》、《青春之歌》成为他那时最好的精神食粮。恢复高考以后，黄宏生以优异的成绩考入华南理工大学。

毕业以后，黄宏生进入华南电子进出口公司工作。3年后，28岁的黄宏生被破格提拔为常务副总经理，副厅级待遇，人生和事业都进入春风得意的阶段。但他并不满足，他还有梦想没有实现，于是，他决定放弃现在的一切，去香港打天下。

1987年春，在同事的惊讶与叹息声中，黄宏生辞掉了令人羡慕的职位，只身"下海"。

1988年，黄宏生创办了一家小公司"创维"，但由于不熟悉香港环境，贸易环节又太多，进了货卖不出去，因此入不敷出。眼看着自己的努力付诸东流，黄宏生大病一场。

第一次打击刚过，第二个打击又接踵而至。重新振作起来的黄宏生积累了一点儿资金，办起一家遥控器厂。此时，恰逢香港流行丽音广播，黄宏生认为"有机可乘"，便与菲利浦公司工程师合作开发丽音解码器，做成机顶盒接收丽音信号。当时，他的雄心很大，首次就做了两万台，只等一战惊四野。没想到，最后震惊的竟是自己，丽音广播毫无预兆地说停就停，那两万台解码器一下子全砸在了手里，黄宏生又一次尝到了失败的滋味。

正所谓"屋漏偏逢连夜雨，船迟又遇打头风"，还未等黄宏生喘过气来，第三次打击毫不客气地迎面而来。黄宏生学的是无线电工程，他看到当时东欧彩电供不应求，前景一片大好，便从银行贷款500万港元，聘请40余名国内知名厂家工程人员开发彩电产品。经过一年多的努力，产品是开发出来了，但由于技术落后，与世界先进水平相去甚远，且不符合国际规格，结果参加国际展览无人问津，又亏损了近500万港元。至此，黄宏生已债台高筑，陷入绝境。

当黄宏生山穷水尽之时，他的老领导到香港去看他，那时的他已经瘦得皮包骨头了。老领导表示，还是欢迎他回原单位工作，还劝他"苦海无涯，回头是岸"。

但黄宏生并没有当逃兵，他选择忍耐、坚持、等待。他反省自己失败的缘由，默默积累，只等有朝一日东山再起。

在忍耐与等待中，黄宏生终于抓住了机会。1991年，香港爆发了一场收购大战，香港迅科集团由于高层内讧，决定将公司拍卖，从而引来各路富商大竞标，而迅科集团一批彩电专家则受到排斥。黄宏生根本不具备实力参与收购战，但他却成了这场大战中真正的赢家。事实上，他"收购"的是无形资产——是那些迅科彩电开发部的技术骨干。他出让公司15%的股份将他们纳入旗下，使企业获得了强有力的技术支持。9个月后，创维开发出国际领先的第三代彩电，在德国的电子展上获得了第一笔两万台的大订单。创维靠技术征服了欧洲市场，从绝境中走了出来。

若不是能够隐忍、能够坚持，能够将暂时的失意抛在一旁，静待时机东山再起，黄宏生的人生又怎能如此光芒四射？

天空有阴霾没关系，羁绊太多也没关系，只要你沉得住气，那么你的等待和积累必然会有所回报。因为你在等待与积累的过程中，已经将自己锻造成了一块闪闪发光的金子。

耐得住寂寞、耐得住贫寒、耐得住讥讽、耐得住折磨，这样才能守得云开，才能摘取最后的胜利果实。

外圆内方，生存之道

做人处世，无刚不立，但过刚则易折，试问该如何克服这一矛盾呢？很显然，外圆内方就是个不错的选择。也就是说，为人要品性刚正，但又要讲究谋略，柔中有刚，刚柔并济，如此方能有所作为。

清代张之洞为官几十载，两袖清风，真正是"出淤泥而不染，濯清涟而不妖"，同时他又纵横捭阖，叱咤风云，在晚清黑暗腐败的官场里入阁拜相，成为一代名臣。

张之洞的成功，不仅是源自他的学识，还得益于他做人老道、进退有度、刚柔并济。张之洞虽然生性忠直，勇于针砭时弊，敢于纠弹朝中要员，赢得人们的赞赏和钦佩。但他即使在声名显赫之时也没有忘乎所以，仍能及时保持清醒的头脑。这正是张之洞做人的聪明之处。

其实张之洞虽正直，但又善于设防自保。他既有主见和个性，又不失灵活性；既富于刚性，又不失弹性；具有刚柔相济的性格，是一个外圆内方的政治家。他外表像柔软的海绵，骨子里却坚硬如同钢铁。他崇尚做人要圆通，是一种宽厚、融通，是大智若愚，是与人为善。他的这种性格与他的大胆直谏看似矛盾，其实并非如此。

当时，清流党中的张佩纶、邓承修等人受一系列直谏成功的鼓舞，热血奔涌，愈加大胆。他们纷纷上疏，弹劾一系列贪污受贿或昏庸误政的官员。而张之洞并不欣赏他们的这些做法，他认为一个人如果一味刚直、锋芒毕露、咄咄逼人，不仅容易惹火烧身、招致祸端，而且常常有性命之忧；那种逞血气之勇、图一时痛快的做法，决非智者所为。身处你死我活、激烈竞争的官场旋涡之中，谁敢说自己能够永远做官场上的不倒翁？

身处其中的真正聪明人，总是善于想方设法保护自己，躲避陷阱，绕开虎口狼窝。尤其是位高权重者，每每成为众矢之的，树大招风，爬得越高，跌下来就越惨，最后落得个身败名裂。所以张之洞遇事总是思前顾后，留有余地，凡事都力争有所回旋。比如他每次上奏进谏，虽然言辞激烈、慷慨激昂，但常常是针对事件有感而发，一般不直接将矛头对准某个人。也就是说他注重就事论事，通过事情论证是非曲直，而不搞人身攻击。即便是因为事件本身不得不触及到某人，他也尽量减少对人物的斥贬，而是着重抨击事情的荒谬。这样就给人以光明磊落之感，既避免让局外人误认为是泄私愤，又让对手抓不住任何把柄。因此张之洞在官场上游刃有余，既善于出击，又巧于自保。

张之洞尽管纵横捭阖，但尽量不得罪他人。慈禧重用张之洞，本有分李鸿章之势的用心，避免李鸿章集大权于一身。张之洞虽然与李鸿章在很多方面意见不一致，如甲午之战时，李鸿章主和，张之洞主战，李鸿章视张之洞为"书生之见"；但张之洞表面上还是表现出对李鸿章的极大推崇。据说当李鸿章七十寿辰时，张之洞为他作寿文，忙活了两天三夜，这期间很少睡觉。琉璃厂书肆将这篇寿文以单行本付刻，一时洛阳纸贵，成为李鸿章所收到的寿文中的压卷之作。张之洞如此处理与李鸿章的关系，显然包含着深刻的外圆意识。

他的外圆谋略还表现在对光绪帝废除与否的问题上。戊戌变法之后，张之洞鉴于西太后的威严，对废除光绪皇帝之事一直不表态，总是含糊其辞，既不明说支持，又不明说反对，常常推说这是皇室家事。从他对这件事的态度上，更可看出张之洞的聪明老练、圆滑狡黠。正是因为张之洞做人的成功，他才能在官场上既如鱼得水，又出污泥而不染，既抓住一切机会让朝廷赏识自己，又运筹帷幄为百姓办实事，成为名震中外的"圣相"、学术界的领袖。

古往今来，有许多自诩机敏之士于风雨飘摇中遭遇不幸，这往往是因为他们不懂得左右逢源、圆滑处世，因为行为脱俗、锋芒毕露而招惹嫉妒。如果能学会外圆内方、左右逢源，想必就不会那样不幸，而且可以更好地展现才华，为国为民尽心尽力了。

木秀于林，风必摧之；行高于人，众必非之

在北方的田野中，谷物成熟以后总是垂头而立；相反，狗尾草与谷相似，但因为它总是直昂着头，往往成为人们第一个拔除的对象。

正所谓"峣峣者易缺，皎皎者易污"。那些品行高洁犹胜白玉之人，往往容易受到污损；那些性情刚直不阿之人，极易横遭物议。对此，世人很形象地描绘道："出头的椽子先烂。"文人墨客感怀于此，说得更是凄清："木秀于林，风必摧之；堆出于岸，流必湍之；行高于人，人必非之。"

"树大招风，才高遭忌。"这是古往今来的通病。你想要与别人不一样、你想要特立独行？那好，先过了众人这关再说，不被"群殴致伤"，说明你已经很幸运了。为什么？当然是嫉妒了！此外，大家都是这个样子，你为何要显摆？要让自己与众不同？不"围殴"你还能殴谁？

所以说，做人还是含蓄、低调一点好，切不要锋芒毕露。要知道，你在彰显个人才华的同时，很容易刺伤身边的人，燃起他们的嫉妒心理，这岂不是自找苦吃？会为人者，应懂得锋芒内敛、韬光养晦，以免成为别人的眼中刺、肉中钉。

韩非的《孤愤》、《五蠹》传至秦国，秦王嬴政读后十分赞赏，发誓要将其纳入旗下。后来，嬴政发兵攻韩，向其索要韩非。韩非本不得韩王赏识，一直未曾重用，属于可有可无的角色，韩王也很乐于送这个人情。韩非到秦国以后，虽然才高八斗，但由于锋芒太露，亦不受嬴政

信任，更遑论重用。李斯与韩非虽属同窗，但其人善妒，自知才不及韩非，深怕他取而代之。于是，他联合众臣大献谗言，意欲借秦王之手杀掉韩非。嬴政信以为真，遂将韩非打入大牢。李斯见机不可失，便派人来到狱中送毒药给韩非，逼韩非自戕。可怜韩非，身在异国举目无依，欲为自己申诉又有李斯从中阻挠，最后只得含屈"自尽"。

锋芒外露，显然不是处世之道。自恃才高，放旷不羁，人们难免会觉得你轻浮、不靠谱，一不小心还会招致横祸。三国时的祢衡、杨修如何？前者"淑质贞亮，英才卓跞。初涉艺文，升堂睹奥。目所一见，辄诵于口；耳听暂闻，不忘于心。性与道合，思若有神"。这是孔融评价祢衡的一番话语，大意是说：祢衡少年时便才气过人，博闻强记，过目不忘，写得一手绝妙文章，长于辩论。只可惜，他由于性格刚毅傲慢、目空一切，屡谩权贵，最终还不是诞傲致殒。后者才思敏捷、聪颖过人，才华、学识莫不出众，单从他数次摸透曹操心思，足见其过人之处。同样，他亦因恃才放旷、极爱显摆，最终落得个身首异处、命殒黄泉的下场。由此可见，做人必须要事事谨慎、时时谦虚，尽量将你刺眼的光芒隐藏起来，如此才是明哲保身之道。我们每个人都想成就一番事业，可成功难免招致嫉妒，当受到别人嫉妒时，倘若你依旧不懂韬光养晦，那很可能就要大祸临头了。

当然，这里所说的藏而不露，并非真的不露。古语有云："君子藏器于身，待机而动。"也就是说，我们要掌控好"藏"与"露"的尺度，待时机成熟之时，再厚积薄发，尽显锋芒。

"灵芝与众草为伍，不闻其香而益香，凤凰偕群鸟并飞，不见其高而益高。"人生于世，唯有善藏者才能一直立于不败之地！

阳春白雪，曲高和寡；人格致清，往往易污，为人处世还是中庸一些比较好。

"退避三舍"，示弱即强

每个人都有自己的个性，因而在人际交往中，矛盾总是不可避免。每每矛盾产生之时，学会适度地退让，就是一种谨慎、高明的处世方法。适当地退让可以令你远离危险，求得安宁。生活之中，除了原则问题必须坚持，对于小事、对于个人利益，若能退避三舍，一定会让你身心愉快，博得良好的人际关系。其实有时，这种"退"即是"进"，"予"就是"得"。

与人相处就像在跳交谊舞，有进有退，有退有进，有时，退一步路更宽阔。你是否有这样的经历：听说某山上有日出、有佛光、有云海，十分迷人，所以对沿途的景色不屑一顾，到达峰顶时已是气喘吁吁。结果，日出、佛光没见到，偶见云海又觉得不过如此，最终扫兴而归。若能换一个角度，不要将目标定在顶峰，而是沿途欣赏，闲庭信步一路走去，或许就会得到意外的发现与惊喜。

小王与小赵是大学同学，毕业以后，就职于同一所单位。一年后，有一个销售主管的位子空了下来，两个人只能去一个。谁都知道，这是个"肥缺"，但小王还是主动将其让给了小赵，自己则在文教科做职员。清闲之时，他写了几篇文章，报着试试看的态度投到报社，后来居然发表了。以后，他坚持写作，写出了小小的名气，以致成了单位的"一支笔"。

凡事不要强求，所谓欲速则不达，以退为进，这种曲线的生存方式,有时比直线的生存方式更有成效。小王的自我筹划,就让他找到了更广阔的天空。

人与人相处,凡事退让一步,退一步你会发现,活动空间是宽阔的,行为会有多种的选择。

此外,"退避三舍",还必须在"忍"字上下工夫,学会忍耐朋友的小缺点、小错误,甚至是忍耐朋友的无礼。例如,朋友聚餐之时,一位朋友不慎将热汤撒到你身上,他连忙道歉。这时你若能出人意料地说一句:"没有烫到吧?"相信对方一定会大受感动,对你心悦诚服,因为这一句看似平常的反问,已然尽显你的胸襟。反之,你若是因而皱眉,尽管只是皱眉,一个小动作,给朋友的感觉就会大不一样。他当然也会道歉,也知道是自己的失误,但这个小动作会让他感到难堪,且不说你埋怨他几句。

人活于世,俗事本多,千头万绪,又何必再为一些小事徒增烦恼呢?有些事,我们能忍就忍了,从长远角度上看,这对你是只有利而无害的。

青年拳击手王亚为,有一天骑自行车上街,在路口等红灯时,后面冲上来一个骑车的小伙子撞到他的自行车上。小伙子不但不道歉,反而态度蛮横,要王给他修车。王很是恼火,但是他极力控制自己的情绪不发作。这小伙子不自量力,口出狂言:"你是运动员吧?你就是拳击运动员我也不怕,咱们练练?"一听对方要打架,王连忙后退说:"别打别打,我不是运动员,我也不会打架。"因为他的示弱,一场冲突避免了。事后他说:"我知道,我这一拳打出去,对普通人会造成多大的伤害。我必须时刻提醒自己要忍耐,示弱反而让我感到自己更强大。"

做人,就该像王亚为这样,在无谓的冲突面前,要尽量忍让,有时示弱即是强!要做到这一点,我们必须有意识地调整自己的心态,控制和驾驭自己的情绪，避免过激行为，以示弱的方式追求人格的强大。

俗话说："忍一时风平浪静，退一步海阔天空。"若真能有此修为，你的人生才算进入高层次。一个理智的人往往懂得退让，如此会让他拥有更多的朋友，也会为他打开一个广阔的生活空间，从而让他的人生变得更加精彩。

喜怒不形于色

有这样一个小笑话：

话说诸葛亮在"追"未来妻子黄月英之时，登门拜访准岳父。当时，诸葛亮年少气盛、意气风发，又想在岳父面前大肆表现一番，于是，口若悬河、滔滔不绝起来。直至走出岳父家门，诸葛亮还沉浸在自己的表现中，走起路来慢慢悠悠。片刻之后，黄月英跑来，手中还持有一物。诸葛亮心想：难道此事未来岳父已经同意，派月英前来送定情信物？正在他"想入非非"之时，黄月英已到身前，顺手将所持之物递来——原来是一把羽扇。只听黄月英问道："诸葛先生，你可知我送你羽扇是何用意？"诸葛亮回答："礼轻情意重。"黄月英接口说道："你只知其一，不知其二。刚才你与家父谈论天下大事时，我站在一旁观看。你在谈到刘备先生三顾茅庐时，眉飞色舞；在谈到国之未来时，意气风发，满是雄心壮志；在讲到曹操与孙权时，又一脸忧愁。你为人未免过于直露，将来又如何担当匡扶汉室的大任呢？所以我送一把扇子给你，让你以后用来遮挡一下自己的表情。"从此以后，也就有了羽扇纶巾一说。

当然，这只是一个笑话，情节不免过于夸张、荒谬，但它却道出了一个极富深意的哲理：做人，无论你是得意还是失意，都应泰然自若，切不可轻易将喜怒哀乐写在脸上，溢于言辞；要掌控自己的情绪而不是为情绪所控制，只有这样你才能控制事态的发展，才足以担当大任。

你必须知道，在这个社会上，但凡有一定阅历的人，或多或少都练就了一些察言观色的本领。他们会依据你所表现出来的情绪，及时调整与你的相处方式、寻找对付你的方法。因此，隐藏一下自己的真实情绪，对你而言未尝不是一种保护。

小晴是一个脸上挂不住事的女孩，就职于一家广告设计公司，她的上司属于半路出家，是个外行人。在有关设计风格的问题上，上司较看重市场效应，而小晴则侧重追求艺术上美感，因此二人的观点很难达成一致。

一次，小晴的设计方案又遭到了上司的否决。上司认为，小晴的设计没有感觉，很难吸引大众眼球。待上司转过身时，小晴马上投以鄙视的目光，谁知上司突然回过头来，正与小晴的目光撞个正着。眼见小晴如此看着自己，上司不悦地问道："怎么，你认为我说错了是吗？"

"没……没有啊。"小晴结结巴巴地掩饰着。

此后，上司再也没给过小晴好日子过，工作中总是故意给她"穿小鞋"。不久之后，小晴就莫名其妙地被老板炒了鱿鱼。

其实在现实生活中，很多人都与小晴一样，他们心里根本藏不住事，往往被人一眼就看穿了心思。这就是一种不够成熟的表现。从心理学上讲，就是不懂得掌控自身的情绪。

纵观古今中外，很少有成功者会因外界影响而时喜时忧的。当然，

第六章 优化"处世风格"——低调做人，高调做事

人都有七情六欲，不可能做到麻木不仁。但要记住，高兴的事我们挂在脸上无妨，不良情绪请尽量将它藏在心底，只有这样你才能更好地保护自己。换言之，我们需要一个面具来伪装自己，这个伪装与虚伪无关，它只是我们在复杂的社会条件下，为求自保而实施的障眼法，只要你不用"伪装"去伤害别人，你就依然是真实的。

调整好自己的心态，掌控好自己的情绪，让喜怒不形于色，终有一天你会成为别人眼中那个"成熟稳重"、"值得依赖"的成功者。

低调做人，高调做事

人生于世，立身之根基不外乎两样——做人、做事，然而要打好这两大基础则决非易事。做人之难，难在对情绪的掌控、对人生的参悟、对欲望的控制；做事之难，难在衡量，难在从复杂的利益与矛盾中寻找一个平衡点，难在得到众人的认可。那么，既然做人难，做事亦如此难，我们又该怎么办呢？这就要求我们在做人方面严于律己、谦虚谨慎、淡泊名利、不事张扬；在做事方面追求创新、力求卓越，不断提升对于自身的要求。若是能将二者相融合，使其相辅相成、相得益彰，我们就能够获得一片广袤的天地，成就一个多彩的人生。也就是说，若想自己的人生有所建树，我们必须学会"低调做人，高调做事"，而这，也正是大多数有作为者成功的关键所在。

一名普通茶厂工人，在平凡的岗位上不断学习、不断摸索、不断成长，先后成为车间主任、销售科科长、经营副厂长、厂长。在企业濒临破产之际，他凭借多年工作经验，洞悉了危机下隐藏的商机，毅然购买了茶厂的全部股份，甘愿承担茶厂1200余万的债务，开启了个人创业模式。

仅仅不到10年，他就将一个占地6亩、员工30余人、年收入不过百万的乡镇企业，一举推上了"农业产业化国家重点龙头企业"的宝座，总资产数以亿计。

2004、2005年，他先后获得"中国茶业企业十大风云人物"、"四川省创业之星"、"全国劳动模范"以及"2005四川十大财经风云人物"等各项殊荣。他就是"四川省峨眉山竹叶青茶业有限公司"董事长唐晓军。

然而，就是这样一个在业内叱咤风云的人物，却有着与其身份大相径庭的低调。

在媒体眼中，唐晓军可谓是一名"神秘人物"，他从不轻易接受采访，尽量避免在媒体上露面；在员工面前，唐晓军是一位亲切的老总，他平易近人、沉稳内敛，给人的感觉就像老朋友一般。

正如唐晓军所说："做人，要有一颗平常心，先做人后做事，凡事内敛不可张扬。"而他旗下"竹叶青"的品牌主张正是"竹叶青，平常心"。

从唐晓军身上，我们似乎看到了"低调"与"高调"的完美结合。高调做事与低调做人并不矛盾。低调做人是一种姿态，是为人处世的一种胸襟、一种谋略，它能使人自省、使人进步、使人谦虚谨慎地走好人生的每一步。在低调做事的基础上去进取，不畏艰辛迎难而上，用饱满的激情、强烈的自信去突破、去创新、去实现自己的人生梦想，这就是"低调做人，高调做事"的注解与诠释。

有一位将军，每每大军撤退时总是留下断后，待他回来后人们纷纷夸赞他的英勇无畏。谁知将军却说:"并非吾勇,马不进也。"然而,纵使将军如此低调,难道就能抵消他在人们心目中的英勇形象吗?

  青山不语,自是一种高远,些许丘壑又岂能阻断人们仰视它的目光?

  大海不语,自是一种广阔,容纳百川的肚量任谁不去艳羡?

  低调做人是一种人生智慧,高调做事是一种人生态度!唯有将二者融合在一起,我们才能成就一个涵蕴厚重、丰富充实的人生。

第七章 优化"内存"——有容乃大

> 宽恕不仅是原谅伤害你的人,同时也是解放了你自己,与其因为愤恨而耗尽自己一生的精力,时时记着那些伤害你的人和事,被回忆和仇恨所折磨,还不如宽恕他们,把自己的心灵从禁锢中解脱出来。遇事若有宽容这个念头在,你的人生势必会少为烦恼所牵绊,你的心灵自会轻松许多。

宽容的人生没有敌人

美国前总统林肯一向待人以宽。一次，他下令调动某部队作战，可是战争部部长史丹顿却竭力反对。不仅如此，他还破口大骂："这如果是总统的命令，那他就是一个应该枪毙的蠢货！"

此话迅速传到林肯耳中，大家都以为林肯必定会勃然大怒，未曾想林肯只是平静地说："史丹顿很少出错，我应该向他请教一下。"

林肯来到战争部，史丹顿当面指出了他的错误。林肯沉思片刻，在众目睽睽之下收回了成命。

有人曾对林肯说："您不该和那些反对者交朋友，而应该将其消灭！"林肯微笑着回道："我将他们变成我的朋友，不正是在消灭敌人吗？"

……

林肯真可谓是大家风范。正如林肯所言，他的宽容足以让势不两立的对手为之折服。

然而在日常生活之中，我们却常常见到与之迥然不同的景象：亲朋好友之间因为一句闲话而争得面红耳赤，行同路人；邻里之间因为孩子打架而针锋相对，老死不相往来；夫妻之间因为琐事而同室操戈，劳燕分飞；父子之间因为考什么学校、找什么工作而意见不合，最后横眉冷对……

其实很多时候，这样做的结果都是两败俱伤，弄得彼此身心疲惫，何苦来哉？容忍宽恕别人，同样也是在善待自己。就像有人说："我们的心如同一个容器，当爱越来越多的时候，仇恨就会被挤出去，我们不需要刻意地去消除怨恨，只要用宽容的心来不断地充实自己，那么怨恨自然就没有容身之处了。"

在《六度集经》中记载了一个故事：

长寿王仁民爱物、慈悲为怀，其国境内风调雨顺、财富民丰，却也因此引来邻国贪王的觊觎，出兵侵夺。获悉敌军压境的长寿王，不愿意为了保卫自己的王权而殃及无辜的百姓，就决定舍弃王位，与儿子长生相偕遁隐山林。贪王不费吹灰之力就拥有了长寿王的国土，但他还是不肯放过长寿王，就重金悬赏捉拿长寿王父子。长寿王为了义助远来投靠的梵志，自愿舍身，让梵志获得赏金，便被贪王所捕。残暴的贪王故意在长寿王国都通衢上，公然焚烧长寿王，以逞己能，警示民众。

临死前，长寿王看到儿子伪装成樵夫，混杂在人群中双眼冒着怒火，满怀仇恨地盯着贪王。长寿王便大声说："希望我的儿子能以仁为诫，以德报怨，不要为我报仇。"虽然听到了父亲的遗言，但父亲惨死、国土沦丧的深仇大恨，还是令年轻的王子一心只想报仇。于是他利用在大臣家当仆役的机会，设法获得贪王的赏识，进而成为贪王的贴身护卫。

在一次伴随贪王出猎的途中，长生刻意让贪王脱离随扈，在山林间迷了路。筋疲力尽的贪王将随身的配剑卸下，交给他信任的长生保管，自己躺下来休息。在贪王熟睡之时，长生拔剑欲杀，但忽然想起了父亲长寿王的遗言，他一时犹豫起来。这时贪王突然从梦中惊醒，说："我梦见长寿王的儿子要杀我，怎么办？"长生安慰他说："大王不必惊惶，我在这里护卫着你呢。"等贪王再度安然入睡，考虑再三，长生终于决定尊奉父亲的遗言原谅贪王，便主动向贪王表明真实身份，并且说：

第七章 优化"内存"——有容乃大

| 139 |

"你快将我杀了吧,免得我报仇的念头又死灰复燃。"

震惊的贪王被长寿王父子宽容的仁德所深深感动,当下翻然悔悟,自愧如豺狼,于是将国土归还长生,两国结为兄弟之邦。

贪王自己也开始像长寿王一样善待人民,不再像从前那样残暴了。

正如圣严法师所说的:"慈悲没有敌人,智慧没有烦恼。"真正的宽容来自博大的胸襟,来自爱人如己的智慧。虽然我们可能做不到像长寿王父子那样伟大,但是至少在日常生活里,当别人以恶劣的态度相向时,我们能忍耐一时之气,以宽容之心去对待他,以理智来处理问题。

没有宽容的生活就像在刀锋上行走。记住雨果的话:"世界上最宽阔的是海洋,比海洋更宽阔的是天空,比天空更宽阔的是人的胸怀。"

不懂宽容就没有人脉

当年乔丹在公牛队时,年轻的皮蓬是队里最有希望超越他的新秀。年轻气盛的皮蓬有着极强的好胜心,对于乔丹这位领先于自己的前辈,他常常流露出一种不屑一顾的神情,还经常对别人说乔丹哪里不如自己,自己一定会把乔丹击败一类的话。但乔丹没有把皮蓬当做潜在的威胁而排挤他,反而对皮蓬处处加以鼓励。

有一次,乔丹对皮蓬说:"你觉得咱俩的三分球谁投得好?"

皮蓬不明白他的意思,就说:"你明知故问什么,当然是你。"

因为那时乔丹的三分球成功率是28.6%,而皮蓬是26.4%。但乔丹微笑着纠正:"不,是你!你投三分球的动作规范、流畅,很有天赋,以后一定会投得更好。而我投三分球还有很多弱点，你看，我扣篮多用右手，而且要习惯地用左手帮一下。可是你左右手都行。所以你的进步空间比我更大。"

这一细节连皮蓬自己都不知道。他被乔丹的大度给感动了，渐渐改变了自己对乔丹的看法。虽然仍然把乔丹当做竞争对手，但是更多的是抱着一种学习的态度去尊重他。

一年后的一场NBA决赛中，皮蓬独得33分（超过乔丹3分），成为公牛队中比赛得分首次超过乔丹的球员。比赛结束后，乔丹与皮蓬紧紧拥抱着，两人泪光闪闪。

乔丹不仅以球艺，更以他那坦然无私的广阔胸襟赢得了所有人的拥护和尊重，包括他的对手。

正如比尔·盖茨所说："以宽容的态度对待失败者正是硅谷成功的关键之所在。"在竞争中能够做到宽容的人是品德高尚的人。想超越别人不一定要期望别人遇到障碍，甚至故意给别人设置障碍，让自己更强大、更优秀，同时还要真诚地欣赏别人的长处，这才是光明磊落的行为。这样，才能赢得别人真心诚意的尊敬。

心胸豁达的人会对别人更宽容，而心胸狭窄的人则会蝇营狗苟、斤斤计较，这两种人哪一种更受欢迎，不言而喻。我们当然不希望自己的人缘差到被人排挤和疏远，这就需要我们尽量让自己的心胸宽阔起来，对于一些小事不要太计较。

人都是有缺点的，要指出别人的失误很容易。但是有一点，我们自己同样也不完美，同样可能遭到别人的指责或嘲笑。因此，以冷静、礼貌的态度对待别人是非常必要的，你也会因此赢得对方的尊重。正如屠格涅夫所说："不会宽容别人的人，是不配受到别人的宽容的，但谁能说自己不需要别人的宽容呢？"

最大的报仇就是宽恕的念头

许多时候我们发脾气、与别人发生冲突，都只是因为一念之差。如果当时能把火气压制住，让自己头脑冷静一下，或许就不会产生纠纷了。但遗憾的是，人们往往因为惯有的习气而不能宽容别人，结果造成了许多不必要的麻烦。

能在紧要关头让自己冷静下来、以宽容之心待人的人，才是真正善于为人处世的智者。

唐开元年间有位梦窗禅师，他德高望重，既是有名的禅师，也是当朝国师。

有一次梦窗禅师搭船渡河，渡船刚要离岸，远处走来一位骑马佩刀的武士，大声喊道："等一等，等一等，载我过河。"他一边说一边把马拴在岸边，拿着马鞭朝水边走过来。

船上的人纷纷说："船已离岸，不能回头了，干脆让他等下一回吧。"船夫也大声回答他："请等下一回吧。"武士急得在岸边团团转。

坐在船头的梦窗禅师对船夫说："船家，这船离岸还没多远，你就行个方便，掉过船头载他过河吧。"船夫见梦窗禅师是位气度不凡的出家人，便听从他的话，把船驶了回去，让那位武士上了船。

武士上船后就四处寻找座位，无奈座位都满了，这时他看到了坐在船头的梦窗禅师，便拿马鞭抽打他，嘴里还粗野地骂道："老和尚，走开点！把座位让给我！难道你没看见本大爷上船？"这一鞭正好打在梦窗禅师的头上，鲜血顺着脸颊汩汩地流了下来。梦窗禅师一言不发地起身，把座位让给了蛮横的武士。

这一切被船上的乘客们看在眼里，大家既害怕武士的蛮横，又为禅师的遭遇抱不平，就窃窃私语：这个武士真是忘恩负义，要不是禅师请求，他能搭上船吗？现在他居然还抢禅师的位子，还动手打人，真是太不像话了。武士从大家的议论中明白了事情的缘由，心里十分惭愧，可是又拉不下面子去认错。

等船到了对岸，大家都下了船。梦窗禅师默默地走到水边，用水洗掉了脸上的血污。

那位武士再也忍受不了良心的谴责，上前跪在禅师面前忏悔道："禅师，我错了。对不起。"禅师心平气和地说："不要紧，出门在外难免心情不好。"

禅师的宽容之心着实令人叹服！

在德国有一句谚语："最大的报仇就是宽恕的念头。"

一位从日本战俘营出来的人，去拜访另一位难友。他问这位朋友："你已经原谅那群残暴、没人性的家伙了吗？"

"是的，我已经原谅他们了。"

"我可永远都不会原谅他们！我恨透他们了，这些混蛋害得我家破人亡，至今想起仍让我咬牙切齿，恨不得将他们千刀万剐、碎尸万断！"

他的朋友听后，淡淡地道："若是这样，他们仍监禁着你。"

宽恕不仅是原谅伤害你的人，同时也是解放了你自己，与其因为愤恨而耗尽自己一生的精力，时时记着那些伤害你的人和事，被回忆和仇恨所折磨，还不如宽恕他们，把自己的心灵从禁锢中解脱出来。遇事若有宽容这个念头在，你的人生势必会少为烦恼所牵绊，你的心灵自会轻松许多。

成大事者不拘小节

我们在为人处世时，倘若一味强调枝节问题，抓住别人的"辫子"不放，就很难搞好人际关系。尤其当我们身处领导岗位时，更要学得宽容一些，不能一直将目光放在小过错上，须知用人要用其所长。

春秋时，一次楚庄王大宴群臣，众人不亦乐乎，直喝到日落西山犹未尽兴。于是，楚庄王命人点起灯烛继续畅饮。忽然一阵风起，将灯烛全部吹灭，黑暗中有人趁机拉扯妃子的衣服。妃子大惊，顺手折断了对方头盔上的帽缨，高喊："大王，刚刚有人趁黑非礼于我，我已折断他的帽缨，请掌灯以后严加查找，治他的罪！"楚庄王说道："今日我请大家喝酒，致使有人喝醉，酒后失礼不能责怪。我怎可为彰显你的贞烈而损及我的大臣？"稍顿片刻，楚庄王继续说道："今日一醉方休，不拔掉帽缨不算尽兴，有帽缨者一律拔掉！"与会者有100多人有帽缨，听闻此令，全部拔了下来，君臣继续畅饮，直至尽兴而散。

3年后，楚晋大战，一位将军舍生忘死，直扑敌阵，奋勇杀敌，打败晋军。楚庄王将其招致身前，问道："我平日并未特殊优待于你，何以如此？"其人答道："我就是3年前被折帽缨者，大王不杀不辱，我决意以此身报大王之恩。"

由于楚庄王对臣下宽容有加，待之以礼，楚国将领人人效忠，终将晋军打败，楚国自此逐渐强大起来。

刘邵在《人物志》中说，那些性格刚正、志向高远的人，往往不善于做细致琐碎的事，这样的人一方面有着宏远的志趣，一方面在小事上又容易表现得粗心大意、迷迷糊糊。而严厉亢奋的人，在法理方面可以做到有理有据、正直公平，但是缺乏灵活变通的一面，因而会显得暴躁，不通情理。性格宽容迂缓的人，为人很有仁义，重感情，但是办事会很没效率，有时候对时势也不能迅速准确地把握。好奇求异的人，性格狂放不羁，运用权谋、诡计则卓异出众，但如果用平常的道德观念来看待，这种人往往是违背常规不近人情的。

我们在日常生活里遇到不同个性的人，就要区别对待，用其长处，避其短处，不能一味纠缠于细枝末节。

魏武帝曹操曾说："有进取心的人，未必一定有德行。有德行的人，不一定有进取心。陈平有什么忠厚的品德？苏秦何曾守过信义？可是，陈平却奠定了汉王朝的基业，苏秦却拯救了弱小的燕国，原因就在于他们都发挥了各自的特长。"

陈平年轻的时候家境贫寒。他不喜欢下田劳动，都是兄长养着他，时间一长连嫂子都看不起他，甚至连老婆都讨不到。后来刘邦重用他的时候，还有人举报说他甚至还有与嫂子通奸、收受贿赂的劣迹。而且陈平是先投奔项羽，后因项羽要杀他，便又逃走转投刘邦的。可是，刘邦并没有因此而小看陈平，相反却比项羽还重用他。在后来的楚汉战争中，刘邦的许多奇谋妙计都出自陈平，并且在刘邦死后，陈平协助周勃诛灭诸吕，进一步巩固了汉王朝的基业。

苏秦是家喻户晓的人物，他先是到秦国游说秦惠王，出谋划策让他去统一天下；当他游说失败后，又转而到秦国的敌人那一方去游说：先是去燕国说服燕文侯，继而又说服了赵、齐、韩、魏、楚等国，身挂六国相印。像这种两头卖好的人，可说是无德之人。但是，他却可以使六国联合起来对抗强秦，六国也的确平安了数年。燕王如果不首先任用苏秦，那么弱小的燕国恐怕早就成了秦王案板上的鱼肉了。

第七章　优化『内存』——有容乃大

所以说，在日常生活中，我们要善于与不同性格和特点的人交际，对于一些无关紧要的过错尽量容忍宽恕，毕竟一无所长的废物总是少数的，谁能善用人才，谁就可以做到更胜一筹。"泰山不择细壤，故能成其大"，说的就是这个道理。

放人一马又如何

某公交车上，一位女乘客突然尖叫起来："我的钱包不见了，这可是我一个月的生活费啊！"说完后，她急得眼泪直在眼眶中打转。

车上乘客嘈杂起来，有人提议直接将车开到公安局，有人要求小偷自动交出钱包。这时，乘务员说话了："乘客们，大家都知道过日子的苦，辛辛苦苦一个月，挣点儿钱不容易，谁捡到了，自觉把钱包扔出来好吗？"过了片刻，车厢内没有动静。于是乘务员又说："这样吧，我把车厢内的照明灯关掉，谁捡到了就扔出来，如果还没有，就只好把车开到公安局了，为这点儿事自找麻烦不值得。"

灯再次亮起时，女乘客果然在自己脚下找到了钱包，而且分文不少……

为人处世时，发现别人有错，未必要当场指出，给人以难堪，这样做非但达不到预期目的，反而可能适得其反。

当一个小孩学习走路时，他总是会不断摔跤，而做父母的总是会鼓励他再来一次。事实上，他自己也会很勇敢地爬起来继续学习走路，哪怕紧接着又是一个跟头。可是当孩子长大、步入社会以后，身边的人就会变得严苛起来，往往不会给他再来一次的机会，他自己也会失去重新来过的勇气，结果是错过一次就无法翻身。

如果我们能宽容一点，给他再来一次的机会，鼓励他，而不是打击他，那么也许你真的可以看到奇迹。

在美国南北战争期间，有一个名叫罗斯韦尔·麦金太尔的年轻人被征入骑兵营。由于战争进展不顺，兵源奇缺，在几乎没有接受任何训练的情况下，他就被匆忙地派往战场。在战斗中，年轻的麦金太尔被残酷的战争场面吓坏了，那些血肉横飞的场景使他整天都担惊受怕，终于开小差逃跑了。但很快他就被抓了回来，军事法庭以临阵脱逃的罪名判他死刑。

当麦金太尔的母亲得知这个消息后，她向当时的总统林肯发出请求。她认为，自己的儿子年纪轻轻，少不更事，他需要第二次机会来证明自己。然而部队的将军们力劝林肯严肃军纪，声称如果开了这个先例，必将削弱整个部队的战斗力。

在此情况下，林肯陷入两难境地。经过一番深思熟虑后，他最终决定宽恕这名年轻人，并说了一句著名的话："我认为，把一个年轻人枪毙对他本人绝对没有好处。"为此他亲自写了一封信，要求将军们放麦金太尔一马："本信将确保罗斯韦尔·麦金太尔重返兵营，在服完规定年限后，他将不受临阵脱逃的指控。"

如今，这封褪了色的林肯亲笔签名信，被一家著名的图书馆收藏展览。这封信的旁边还附带了一张纸条，上面写着："罗斯韦尔·麦金太尔牺牲于弗吉尼亚的一次激战中，此信是在他贴身口袋里发现的。"

一旦被给予第二次机会，麦金太尔就由怯懦的逃兵变成了无畏的勇士，并且战斗到自己生命的最后一刻。由此可见，宽恕的力量是何等巨大。由于种种原因，人不可能不犯错，但只有宽恕才能给人第二次机会，只有第二次机会才有可能弥补先前犯下的错误。

给别人一个改错的机会，让有心改过的人有"机"可乘。

幸福的婚姻需要宽容与理解

没有宽容与理解的婚姻，就如同薄脆的饼干，轻轻一掰就会碎裂。两个人在一起，缺不了"容"与"忍"，否则婚姻就会没有张力、没有韧性，很容易就会被一些琐事繁情所击碎。有时候，对身边的人多一些宽容与理解，你会发现生活原来一直都很丰富、都很美好。

在加拿大魁北克山麓，有一条南北走向的山谷。山谷没有什么特别之处，却有一个独特的景观：西坡长满了松柏、女贞等大大小小的树，东坡却如精心遴选过了的一般——只有雪松。这一奇景异观曾经吸引不少人前去探究其中的奥秘，但却一直无人能够揭开谜底。

1983年冬，一对婚姻濒临破裂而又不乏浪漫习性的加拿大夫妇，准备作一次长途旅行，以期重新找回昔日的爱情。两人约定：如果这次旅行能让他们找到原来的感觉就继续生活，否则就分手。当他们来到那个山谷的时候，正巧下起了大雪。他们只好躲在帐篷里，看着漫天的大雪飞舞。不经意间，他们发现由于特殊的风向，东坡的雪总比西坡的雪下得大而密。不一会儿，雪松上就落了厚厚的一层雪。然而，每当雪落到一定程度时，雪松那富有弹性的枝丫就会向下弯曲，使雪滑落下来。就这样，反复地积雪，反复地弯曲，反复地滑落，无论雪下得多大，雪松始终完好无损。而西坡的雪下得很小，那些松柏、女贞等树上都落满了雪，可是并不多，所以也没有受到损害。

看到这种情景，妻子若有所悟，对丈夫说："东坡肯定也长过其他的树，只不过由于没有弹性，而被大雪压折了。"丈夫点了点头，两人似乎同时恍然大悟，旋即忘情地紧拥热吻起来。丈夫兴奋地说："我想我们可以重新在一起生活了——以前总觉得彼此给予的压力太多，觉得太累太烦，可是事实上我们是能够承受的；即使承受不了，也可以像雪松一样弯曲，这样生活就轻松多了。"

有人说，婚姻是这样一种奇怪的事物，它使得两个本来陌生的人凝聚在一起，彼此磨合着原本独具个性的棱角，可是又总会被彼此的棱角给刺伤。

也许你也见过这样的夫妻：看起来各方面都很适合，可是就因为一些生活上的小习惯而不断发生冲突，有时候甚至只是因为牙膏该从中间挤还是从尾端挤这样微不足道的小事，却有可能摧毁一桩婚姻。

繁琐的家事、日益增长的家庭开销，很大程度上会影响夫妻双方的心情。婚前的种种憧憬与婚后的现实生活相去甚远，爱情在承受着从浪漫到现实的考验，久而久之，必然会令夫妻双方感到疲惫。一段婚姻的破裂，对于女人而言是难以抹去的痛苦，对于男人而言则很可能是一种耻辱。如果你不能让曾经深爱的她（他）幸福地度过这一生，你无疑就是个失败者。其实保持婚姻的完整并不难，只要多一些宽容、多一些理解，你就可以用宽广的胸怀维持婚姻的美满。

毋庸置疑，如果夫妻双方都能多些生活的智慧，彼此忍耐、宽容，像雪松一样懂得适时地缓解压力，那么婚姻是可以更长久、更幸福的。

别让"狭隘"拖垮"成功"

生活中，我们偶尔会碰到这样的人——他们心胸狭隘，些许小事也会记恨良久，一句无心之言也会令其大动肝火，即我们口中常说的小肚鸡肠。可想而知，这样的人自然不会有什么好人缘，更别说成就一番

第七章　优化『内存』——有容乃大

大业。

一如三国时的张昭，虽在孙策死前曾被委以大任，但终因自己气量狭小而未能得以拜相。

一次，孙权大宴群臣，让诸葛恪为大家敬酒。诸葛恪依命向大臣们一一敬酒。斟到张昭时，张昭已醉，推辞不喝，而诸葛恪依然再劝，张昭不悦道："这哪里是尊敬老人！"孙权故意给诸葛恪出难题，说："看你能不能让张公理屈辞穷把酒饮下，不然你就把这杯酒喝了。"

于是，诸葛恪对张昭说："过去师尚父90岁，还能披坚执锐，领兵作战，不言自己已老。现在，带兵打仗，请您在后；而喝酒吃饭，请您在前，这怎么能说是不敬老呢？"张昭无言以对，只得把酒喝下，但从此就记恨上了诸葛恪。

有一天，孙权和诸葛恪、张昭等大臣在殿中议事，忽然一群鸟飞到殿前，这些鸟头部均为白色。孙权不知道这是什么鸟，就问诸葛恪："你知道这鸟叫什么名字吗？"诸葛恪不假思索地回答："这种鸟叫白头翁。"诸臣中张昭年纪最大，又是一头白发，他以为诸葛恪是在借机取笑自己，就对孙权说："陛下，诸葛恪在骗人！从来没有听说过叫白头翁的鸟。如果真有白头翁，那是不是应该有白头母呢？"

诸葛恪立刻反驳道："鹦母这种鸟，大家一定都听说过吧？如果依老将军的话，那一定还有鹦父了，请问老将军能打到这种鸟吗？"张昭顿时无言以对。

因为气量狭小，张昭很难与人搞好关系。甘宁自降吴以后，急于立功，于是请求征黄祖、取刘表，并自请任先锋。孙权觉得可行，准备实施。张昭却不同意，甘宁很不高兴，反唇相讥道："国家以萧何之任付君，君居守而忧乱，奚以希慕古人乎？"孙权看到这种情形，赶紧劝道："兴霸，今年兴讨，决意付卿，卿但当勉建方略，令必克祖则卿之功，何嫌张长史之言乎？"孙权虽然为二人解了围，但明显站到了甘宁一边。

从这件小事就可以看出，实际上，东吴众将不服张昭。后来，孙权果然令甘宁为先锋征黄祖，并大获全胜。

张昭之所以不能为相，还由于他的自大。张昭虽为东吴重臣，其实并没有什么雄才大略，但他却目中无人。东吴有大才者，首推周瑜，次为鲁肃，而他竟不把鲁肃放在眼里，他说："鲁肃虽然薄才，可不够谦逊，年纪太轻，处世经验不足，难堪大用。"

不仅如此，张昭的胆量也不够壮。汉献帝建安十三年秋，曹操率数十万大军南下，企图夺取江东。众武将欲战，而以张昭为首的文官却欲降。幸亏周瑜、鲁肃坚持，才在赤壁大败曹操。

除了直言忠谏外，张昭在其他方面恐怕没什么才能，而且因为气量小，不能够处理好与同僚的关系，所以若是任他为相，东吴上下必会君臣离心、四分五裂，所以他到最后也未能拜相。

像张昭一样的人在生活中并不少见，我们当然不能如此，也不必和这种人斗气，应以大度之心避免与其发生冲突。当然，若是他对你的人生发展产生了不良影响，那就巧妙地与之周旋，用策略来对付他。总之，我们切不可因气量狭小而破坏自己的人际关系，拖垮了成功，同时，对于那些令"听者有意"的事情，也应三思后行，尽量少做。

宽容不等于纵容

有的人会错以为宽恕就是无限度地纵容，这是误解了宽容的概念。一朵紫罗兰会把香气留在践踏它的人的脚上，这种大度是宽容；可是如果紫罗兰敞开胸怀欢迎别人来践踏，那就是愚蠢地纵容了。宽容是我们为人处世的原则，但是如果我们把宽恕变成纵容，那样于人于己反而不利了。

有一个女子向心理医生求诊，她明显是患了忧郁症，但是什么原因造成她的忧郁呢？只有知道这一点才能对症治疗。

原来，她的丈夫很喜欢喝酒，一喝醉就会动手打她。因为酗酒的缘故，她的丈夫没有一个工作是能维持长久的，所以她不得不到外面工作赚钱来贴补家用。每天回到家里，她还要做所有的家务，包括3个孩子大大小小的事情都需要她来处理。这使她身心俱疲，然而丈夫不仅不能给她任何帮助，还常常殴打她，使她时时处于家庭暴力的恐惧之中。她还担心这样的生活会给孩子们造成不良影响。

医生问道："你的公婆对此有何意见？"

"他们都站在我丈夫那边。"女子无奈地说。公婆偏袒自己的儿子。开始的时候她受到丈夫的殴打就会去请公婆做主，但公婆却反过来指责是她没把事情处理好，才会激怒丈夫的。而妯娌姑嫂们，也都是自扫门前雪，谁也不帮她。到头来，她变成了一切问题的核心，明明是受害者，却必须负担"不要让丈夫生气"的责任。她不断受到伤害，却还要不断地受到别人的指责。而且，"所有人都要我宽恕他们。大家都说只有宽恕他们我才能够活得快乐。可是说真的，我真的很难做到去宽恕那些伤害我的人"。女子几乎崩溃了。

医生问："那你曾经报复过他们吗？"

"我想去报复，但是又不敢。而且我也会觉得困惑，难道真的是因为我的错，才导致丈夫打我？是不是因为我不好，才遭受这样的困境？我很担心自己是不是疯了。"

"你仔细想一想，是关心你的人多，还是伤害你的人多？"医生慢慢引导着她。

女子想了很久，回答："其实还是关心我的人比较多。"

"那么你花了多少心思在那些关心你的人身上？"医生问。

她一下愣住了。

"这就是问题的核心。"医生说,"你被丈夫伤害,也被婆家伤害,你一心寻求所谓的正义,但你又没有办法证明自己是对的。所以你什么事情都不能做,这就是你既焦虑又忧郁的主因。但是伤害你的人就那么几个,关心你的人却很多,可你却老是花时间讨好那些伤害你的人,而把爱你的人弃之不顾。这难道合理吗?看看最爱你的人是谁?是你自己。围绕在你身边的、关心你的人又是谁呢?是你的朋友。你得在心中提升他们的地位。你应该多为自己和朋友们着想,而把伤害你的人在心中降级。你无须去追问他们为什么这样对你,也无须去讨论他们到底好不好。这些事情你想不明白,就不用去想。你要做的,就是减低他们在你心中的比重。丈夫想打你,你就去申请保护令,不然就跑。公婆喜欢指责你,你就不要有让他们开口的机会。他们一骂你你就借故离开,要不然就各说各话,不理睬他们的指责埋怨。"

她怯怯地说:"可是这样,会被骂死的。"

"你又来了,你又在关心那些伤害你的人了。而且,说实在的,你就算配合他们,他们就会对你有好评吗?"

"我明白了。"女子想了想,又开始犹豫,"可是这样做不是违背了宽恕的本意吗?我不是应该原谅他们吗?"

医生微笑道:"不要着急,几个月之后你就会知道我为什么要你这样做了。"

一个月之后,女子来复诊。她的脸上开始有笑容了。几个月后,她再来的时候,整个人都变了样子:衣着亮丽、声音畅亮,一举一动看起来都很有朝气。乍看之下,很难想象这就是几个月前那个几乎崩溃的女子。

"这几个月来怎样?"医生问。

"简直是奇迹。我照着您说的话去做,我才发现,原来我身边有这么多人在默默地关心我!我的邻居、同事、朋友,甚至我的小姑们也是。我以前都没有注意过他们,而且也根本不在意他们。我真的把全部注意力都放在我丈夫身上了，而偏偏他伤害我最大！我干脆就不去理他。现在他一喝醉，我就躲开，让他连想打我也没机会。结果他竟然去打我婆婆，我婆婆气坏了，开始骂他。我现在除了必要的工作，其他事情都不管了。我把自己的时间放在和朋友们交际，还有去做义工上，而且，我还报名参加了才艺班。我要多学些东西。最令人高兴的是，这些日子我的心情越来越好，我的小孩们也仿佛感染了我的情绪似的，越来越开朗了。"她神采飞扬地说。

"那你现在明白什么是真正的宽恕了吗？"医生微笑道。

"我不懂。"一丝阴霾浮现在她的脸上，"我现在还是偶尔会担心，我这样是不是太自私了？"

"是该告诉你答案的时候了。"医生说，"你觉得你丈夫为什么会打你？"

"我发现他很缺乏自信，小时候被父母过度保护，又不懂得怎么表达自己。当他发现自己得不到想要的东西时，就会把愤怒直接发泄出来。而我就成了他的受气包。"

"所以你过去的挨打，其实是在帮助他继续恶化，让他永远没机会学习正确处理事情的方法。"

"以后不会了。"女子尴尬地笑笑，"说实话，我觉得他这样很可怜。我想帮他，但又不知道该怎么做。"

"你需要的是知识、方法和资源。这些你可以在一些书籍和义工的工作中学习到，你也可以重回校园。还有其他问题吗？"

"等等，我还是不知道什么是真正的宽恕啊。"

"刚刚你就已经回答出来了啊。"医生笑道。

很多人都误把纵容当成宽恕，其实，纵容是懦弱的表现，而宽恕则是有勇气的表现。一个人如果学不会爱自己以及爱所有爱他的人，那他就不会有足够的力量去抵抗懦弱，反而有意无意地帮助对方伤害自己。

事实上，只有当你内心的力量比对方更强大的时候，你才有资格、有勇气去宽恕别人，这不仅仅是简单的自我牺牲。当你能够爱所有爱你的人，同时也不要配合伤害你的人继续来伤害你，更不要浪费时间在辩论孰是孰非上。倘若你能做到这些，就会开始积累力量，当你成为强者的那一天，你才会发现，要宽恕那个伤害你的人其实是如此容易的一件事。

宽容别人等于宽恕自己

做人要懂得宽恕，这不仅是为别人考虑，更是在为你自己着想，一个不懂得宽容的人是很难获得成功的——处处是矛盾、事事有冲突，试想在这种情况下，你又怎能有所成就呢？

一位在山中茅舍修行的禅师，一天夜里散步回来，发现一个小偷正在房中行窃。找不到任何财物的小偷要离开时，在门口遇见了禅师。原来，禅师怕惊动小偷，一直站在门口等待，他知道小偷一定找不到任何值钱的东西，早就把自己的外衣脱掉拿在手上。

小偷遇见禅师，正大感惊愕之时，禅师说道："你不怕山路远而险，前来探望我，总不能让你空手而回呀！夜凉了，你带着这件衣服走吧！"

说着，就把衣服披在了小偷身上。小偷不知所措，低着头溜走了。

禅师看着小偷的背影消失在山林之中，不禁感慨地说："可怜的人呀！但愿我能送一轮明月给他。"

禅师送小偷走了以后，便回到茅屋打坐，并逐渐进入梦境。

第二天，当他迎着温暖的阳光走出禅室时，看到他披在小偷身上的外衣被整齐地叠好，放在了门口。禅师非常高兴，喃喃自语："我终于送了他一轮明月！"

是的，禅师正是用慈悲宽怀之心感化了小偷的灵魂。

这则哲理故事告诉我们：宽容不会使你失去什么，反而会使你得到很多。

在这个世界上，我们各自走着自己的路，熙熙攘攘，难免会有碰撞。即使是最和善的人，偶尔也会触伤别人。朋友背叛了我们、父母辱骂了我们、兄弟离开了我们，这都伤害了我们的心。而这一切，你都不该耿耿于怀，因为它深深印在你的记忆中，只会继续伤害你的心。

一位哲学家说过，堵住痛苦回忆的唯一方法就是原谅。但对普通人来说，原谅别人并不容易，在多数人看来，原谅伤害自己的人不合乎自然法则。是非观告诉我们，人们必须为自己所做的事承担后果。殊不知，你原谅了他，使他有感于怀，就此改过，岂不是很好吗？

心理学家一再强调，原谅可以使我们更"美好"，但很少有人能够体会到原谅别人的快乐，更多人则把原谅误解为压倒敌人的一种方法。大主教狄罗逊曾经说过："当对方有伤害之心时，我们则以仁慈对他，这是我们对他人所能取得的最伟大的胜利。"这里所谓的"原谅"，就是一种报复性的武器。打个比方：妻子发现丈夫不忠，经过别人的劝告后，她决定"原谅"丈夫。她没有吵闹，没有离开他，从一切外在举止来看，她是一个"尽了责任"的妻子。她把房间打扫得干干净净，每顿饭也准备得很周到。但是，她用很巧妙的手段、用冷酷的心、用道德上的优越感折磨他。这种原谅是报复性的原谅，而不是治疗性的原谅，就像有些人说的"我能原谅，但我不能忘却"。这其实就等于"我没有原谅"。真正的原谅是遗忘，就像一张注销的票据，把它撕成两半，然后烧掉它，永远忘记它。

怨恨是一种被动的和侵袭性的东西，它像一个化了脓的、不断长大的肿瘤，它使我们忘却欢笑，它伤害着我们的健康。因此，为了我们自己，请务必割掉这个肿瘤。

第八章 优化"心态"——心静自然强

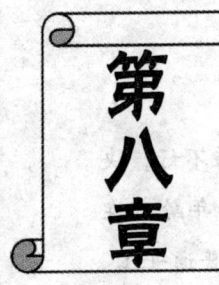

> 心态是横在人生之路上的双向门,人们可以把它转到一边,进入成功;也可以把它转到另一边,进入失败。明人陆绍珩也说:敢于向世上放开眼,不向人间浪皱眉。"放开眼"和"浪皱眉"就是面对人生的两种不同心态。你选择正面,你就能乐观自信地舒展眉头,迎接一切;你选择背面,你就只能是眉头紧锁,郁郁寡欢,最终成为人生的失败者。

心态好才是真的好

一个具有高智商的人未必就能完全掌控自己的命运，没有良好的心态做辅助，智商再高的人也只会受到生活的嘲弄。

这是一个真实的故事。

随着经济改革大潮的冲击，山城有一家纺织厂因经济效益不好，决定让一批人下岗。在这一批下岗人员中有两位女性，她们的年龄都在40岁左右，一位是大学毕业生、工厂的工程师，另一位则是普通女工。就智商而论，这位工程师无疑要胜过那位普通工人，然而，在下岗这件事上，她们的心态却大不一样，而正是这种不同的心态决定了她们以后不同的命运。

女工程师下岗了！这成了全厂的一个热门话题，人们议论着、嘀咕着。女工程师对人生的这一变化深怀怨恨。她愤怒过、骂过，也吵过，但都无济于事。因为下岗人员的数目还在不断增加，别的工程师也下岗了。尽管如此，她的心里却仍不平衡，她始终觉得下岗是一件丢人的事。她整天都闷闷不乐地待在家里，不愿出门见人，更没想到要重新开始自己的人生，孤独而忧郁的心态抑制了她的一切，包括她的智商。她本来就血压高，身体弱，再加上下岗的打击，没过多久，她就被忧郁的心态打败，孤寂地离开了人世。

而那位普通女工的心态却大不一样，她很快就从下岗的阴影里解脱了出来。她想，别人既然能生活下去，自己就也能生活下去。从此以后，她的内心没有了抱怨和焦虑。她平心静气地接受了现实，并在亲戚朋友的支持下开起了一个小小的火锅店。由于她的努力经营，火锅店生意十分红火，仅一年多，她就还清了借款。现在她的火锅店的规模已扩大了几倍，成了山城里小有名气的餐馆，她自己也过上了比在工厂时更好的生活。

一个是智商高的工程师，一个是智商一般的普通女工，她们都曾面临着同样的困境——下岗，但为什么她们的命运却迥然不同呢？原因就在于她们各自的心态不同。

女工程师的心态始终处在忧郁之中，这样的心态使得她对自己的人生不可能做出一个理智的评价，更不可能重新扬起生活的风帆。她完完全全沉溺在自己的不幸之中。一个人一旦拥有了这样的心态，其智商就犹如明亮的镜子蒙上了一层厚厚的灰土，根本就不可能映照万物。所以，尽管女工程师的智商高，但在面对生活的变化时，她的心态却阻碍了智商的发挥。不仅如此，她的心态还把她引向了毁灭，另一位普通女工的智商虽然一般，但她平和的心态不仅使自己的智商得到了淋漓尽致的发挥，而且还使其以后的生活更加幸福。

正如西方一位心理学家所说：

心态是横在人生之路上的双向门，人们可以把它转到一边，进入成功；也可以把它转到另一边，进入失败。明人陆绍珩也说：敢于向世上放开眼，不向人间浪皱眉。"放开眼"和"浪皱眉"就是面对人生的两种不同心态。你选择正面，你就能乐观自信地舒展眉头，迎接一切；你选择背面，你就只能是眉头紧锁，郁郁寡欢，最终成为人生的失败者。

人生如梦一场，匆匆来去，快乐是一生，悲哀也是一生，站在生命的十字路口，你去推哪扇门？好心态是一种力量，缺少了它，一个人便无力推开走向光明的那一扇门。

所以说，智商高不如心态好，只有好的心态才能调动智商向着成功的方向迈进。

送人玫瑰，手有余香

日已西沉，一个贫穷的小男孩因为要筹够学费，而逐户做着推销。此时，筋疲力尽的他腹中一阵作响。是啊，已经一天没吃东西了！小男孩摸摸口袋——那里只有1角钱，该怎么办呢？思来想去，小男孩决定敲开一家房门，看能不能讨到一口饭吃。

开门的是一位年轻美丽的女孩子。小男孩感到非常窘迫。他不好意思说出自己的请求，临时改了口，讨要一杯水喝。女孩见他似乎很饥饿的样子，于是便拿出了一大杯牛奶。小男孩慢慢将牛奶喝下，礼貌地问道："我应该付多少钱给您？"女孩答道："不需要，你不需要付一分钱。妈妈时常教导我们，帮助别人不应该图回报。"小男孩很感动，他说："那好吧，就请接受我最真挚的感谢吧！"

走在回家的路上，小男孩感到自己浑身充满了力量，他原本是打算退学的，可是现在他似乎看到上帝正对着他微笑。

多年以后，那位女孩得了一种罕见的怪病，生命危在旦夕，当地医生爱莫能助。最后，她被转送到大城市，由专家进行会诊治疗。而此时此刻，当年那个小男孩已经在医学界大有名气，他就是霍华德·凯利医生，而且也参与了医疗方案的制定。

当霍华德·凯利医生看到病人的病历资料时，一个奇怪的想法，确切地说应该是一种预感直涌心头，他直奔病房。是的！躺在病床上的女人，就是曾经帮助过自己的"恩人"。他暗下决心一定要竭尽全力治好自己的恩人。

从那以后，他对这个病人格外照顾，经过不断地努力，手术终于成功了。护士按照凯利医生的要求，将医药费通知单送到他那里，他在通知单上签了字。

而后，通知单送到女患者手中，她甚至不敢去看，她确信这可恶的病一定会让自己一贫如洗。然而，当她鼓足勇气打开通知单时，她惊呆了。只见上面写着：医药费——一满杯牛奶——霍华德·凯利医生。

一念之间，种下一粒善因，很有可能会令你收获意想不到的善果。做人，没有必要太过计较，与人为善，又何尝不是与己为善？当我们为别人点亮一盏灯时，是不是同时也照亮了自己？当我们送人玫瑰之时，手上必然还留有着那缕芬芳。

在平常的日子里，给马路乞讨者一块蛋糕；为迷路者指点迷津；用心倾听失落者的诉说……这些看似平常的举动，却渗透着朴素的爱，折射着来自灵魂深处的人格光芒。

助人就是助己，这样做了，相信你一定能够体会到它的妙处。

从另一个角度来讲，在助人的同时，我们也可以培养自身的实力。就像人们常说的那样："帮助别人往上爬的人，一定会爬得更高。"

美国有一个州，每年都举办玉米品种大赛。有一个农夫的成绩相当优异，经常是首奖及优等奖的得主。他在得奖之后，总会毫不吝惜地将得奖的种子分送给街坊邻居。

有一位邻居很诧异地问他："你的奖项得来不易，每季都看你投入大量的时间和精力来做品种改良，为什么还这么慷慨地将种子送给我们呢？难道你不怕我们的玉米品种因而超越你的吗？"

农夫回答："我将种子分送给大家，帮助大家，其实也就是帮助我自己!"

原来,这位农夫所居住的城镇是典型的农村形态,家家户户的田地都毗邻相连。如果农夫将得奖的种子分送给邻居,邻居们就能改良他们的玉米品种,也可以避免风在传递花粉的过程中,将邻近较差的品种转而传染自己的庄稼,这位农夫才能够专心致力于品种的改良。

"送人玫瑰,手有余香",付出总会得到一定的回报,那些心中只有自己的人很难在社会上立足,因为没有众人的支持与帮助,任谁也无法成就一番事业。

功名利禄如云烟

邹韬奋曾经说过:"一个人光溜溜地到这个世界来,最后光溜溜地离开这个世界而去,彻底想起来,名利都是身外物;只有尽一人的心力,使社会上更多的人得到他工作的裨益,是人生最愉快的事情。"而伯顿的话听上去讽刺意味则要重些,但却更加形象——"热衷名利的人像旋转轮上的狗,或笼中的松鼠,虽然它们一直在焦虑中不断地用力爬,但却永远达不到顶端。"

然而,很多人就是一直无法参透,他们固执于这些身外之物,过分地追逐名利、追逐权力。殊不知,这样通常会被名利所折磨,轻者身心劳累,重者害人害己。

事实上,很多人虽然财富五车,但却没有快乐。他们对金钱、对权力垂涎欲滴,整日挖空心思、千方百计地想要得到它,不禁忽略了生活、忽略了快乐、忽略了身边的人，最终落得个身心俱疲、众叛亲离的下场，有些人甚至因此枉送一生。

四大吝啬鬼之一的严监生，人都快死了，却还瞪大双眼，直竖着两根指头不肯咽气。像他这样的人，绞尽脑汁"辛苦"经营了一辈子，挣下万贯家私，本可以带着"成就感"安心离去，可是他却死活不肯咽下最后一口气。族人皆不明其意，最后还是他的小儿媳妇机灵，因为她发现严监生双眼死死瞪着桌旁的油灯——油灯里燃着两根灯草，严监生竖着两根指头不就是不满意这个吗？按照严家的规矩，本着"节俭"的原则，应该熄掉一根灯草才是。于是小儿媳妇赶紧跑过去熄掉了一根灯草。这招真是灵验，一根灯草刚熄，严监生就咽气了。

世上如严监生这般贪婪、吝啬之人虽不多见，但是为名、为利，整日处心积虑，乃至不择手段的人则不在少数。得到名利或许能给你短暂的满足和快乐，然而名利如云烟，你能够得到它，也会不留一丝痕迹地失去它。失去了名利之后，你所剩下的只有深深的遗憾。生命对每一个人来说就是一个单程旅行，没有回头路可走，所以，尽量使自己的灵魂沉浸在轻松、自在的状态，这是最好不过的。

人人都有名利之心，这是不可避免的，但是一个人要求富贵，必须得之有道，持之有度。就生活的价值而言，如果我们能够体味人生的酸甜苦辣，没有虚度时光，心灵从容充实，则不管我们是贫是富皆可以满意了。

功名利禄生不带来，死不带去，倘若我们能够看破这一点，对于世间名利少几许追逐、少一些执著，我们的心中自然就会平静如水。

庄子曾说过："不为轩冕肆志，不为穷约趋俗，其乐彼与此同，故无忧而已矣。"这句话大意是说那些不追求官爵的人，不会因为高官厚禄而沾沾自喜，也不会因为穷困潦倒、前途无望而趋炎附势、随波逐

第八章 优化『心态』——心静自然强

| 163 |

流,在荣辱面前一样达观,所以他也就无所谓忧愁。庄子主张"至誉无誉"。在他看来,最大的荣誉就是没有荣誉。他把荣誉看得很淡,他认为,名誉、地位、声望都算不了什么。尽管庄子的"无欲"、"无誉"观有许多偏激之处,但是当我们为官爵所累、为金钱所累的时候,何不从庄子的训哲中发掘一点值得效法和借鉴的东西呢?

直如弦,死道边;曲如钩,反封侯

"直如弦,死道边;曲如钩,反封侯。"这是一首汉末童谣,词的前半部分大意为:性格如弓弦般刚直、不懂迂回之人,最后不免沦落天涯,曝尸路旁。此童谣距今已有1800余年,虽然听起来可悲,但细思之,正直固然可敬,而若能以曲径通幽之术达到正义的目的,是不是也不失为明智之举呢?

西汉景帝时,窦婴担任大将军之职,是朝廷中的百官之首。做这样的高官,巴结他的人很多,窦婴也十分得意。

朝中大将灌夫为人耿直,是个典型的武夫,他不仅不去讨好自己的顶头上司,反在私下里说:"人们都是势利眼,巴结那些有权势的人,这真是太无耻了,正人君子是不会这样的。"

窦婴后来知道此事,就向灌夫说:"你不喜欢我,不和我结交就是了,为何还要挖苦我呢?"

灌夫也不回避,回答说:"我心直口快,想说什么就说什么。我只想提醒你不要太骄傲,否则就乐极生悲了。"

窦婴没有责怪他，却好心对他说："你这个人有勇无谋，虽然刚直，但难当大事。如若碰上奸诈小人，吃亏的一定是你。我不和你计较，难道别人也会原谅你吗？你才应该小心才是。"灌夫对窦婴的话不以为然。

灌夫对上不巴结，对下却是恭敬尊重，不敢有一点怠慢。当别人都赞赏他这一点，夸他是个十足的正人君子时，有位朋友却表示了忧虑，对他说："在朝廷做官，就要符合官场上的规矩。现在是官大一级压死人，你顶撞上司，反而讨好下属，这哪里是晋升之道呢？你不识时务，反以为荣，早晚必惹大祸。"但灌夫对此仍是充耳不闻。

后来窦婴被免职，孝景皇后的弟弟田蚡当上了丞相。田蚡是个十足的小人，灌夫十分看不起他。

百官见窦婴失势，就开始巴结田蚡，灌夫却和窦婴来往密切。窦婴十分感动，说："我得势时，你从不和我交往，现在你不去趋炎附势，可见你为人的品德高尚。"

灌夫的朋友又给他泼了一盆冷水，说："你的言行不合官场之道，实属不智之举。作为下级，你疏远丞相，结交失势的人，这虽是君子行为，却也难为小人所容。表面文章还是要做的，你该有所反省了。"

田蚡骄横，对灌夫的耿直早有不满，他时刻想整治灌夫。

一次在酒宴上，灌夫和田蚡发生了冲突，田蚡借机将他关进大牢。窦婴为了救灌夫而四处奔走，也被田蚡诬陷。结果，灌夫和窦婴一起遇害。

窦婴对灌夫的评价其实是一语中的："有勇无谋，虽然刚直，却难当大事。"只可惜灌夫以直为荣，以曲为耻，最后落得个家破人亡的凄惨下场。

唐高祖李渊起兵反隋时，晋阳县令刘文静积极响应，立下不少功劳，是开国的功臣之一。裴寂是刘文静的朋友，刘文静和他无话不谈，

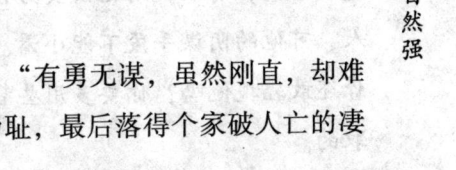

还多次向李渊夸奖裴寂的才能。

唐朝建立后，论功行赏，不想刘文静的官职远在裴寂之下。刘文静心中十分不满，于是常向别人发牢骚。有人劝刘文静说："你虽有才干，却缺少处世的谋略。你每次进谏都和皇上力争，自认有理便不谦让，就算你是对的，但谁会不喜欢听顺耳的话呢？这样不懂得委婉，皇上会喜欢你吗？而那裴寂却很会做人，他事事都恭颂皇上，讨皇上欢心，难怪他要位居你之上了。这是官场之道，你有什么可抱怨的呢？倒不如也学学裴寂的手段，逢迎一下皇上，官也升得快些。"

刘文静不服气，说："我为国尽忠，为民请命，怎会无故讨好皇上呢？裴寂这样阿谀奉承，是个奸诈小人，我一定要除掉他。"

于是，刘文静在面见李渊时，都要指出裴寂的错失，他还动情地说："亲贤臣，远小人，这样国运才能长久，皇上不可再受小人蒙蔽了。裴寂只会讨取皇上欢心，而不干实事，这哪里是忠臣所为呢？"

面对刘文静的攻击，裴寂完全采取了另一种应对方式。他表面上并不记恨刘文静，而且也从不直接说刘文静的坏话，只是装出一副委屈忍让的样子，好像是为了皇上考虑，说："刘文静功劳实在太大，他瞧不起我是应该的，我并不恨他。我只是担心，他如此居功自傲，恐怕连皇上都不敬畏了，这就是大患了。"

他说的正是李渊最忌讳的事，李渊马上对刘文静厌恶起来。刘文静更加苦恼，有人就劝他改变方法，不正面攻击裴寂，说："裴寂虽是小人，可他的阴谋手段不能小看。他能让皇上听信他的谗言而不相信你，你还敢轻视他吗？你要多用些智谋，讲究些方法，和他正面冲突是不可取的。"

一次刘文静和弟弟刘文起饮酒时，忍不住又破口大骂裴寂。一时性起，他竟拔出刀子，砍击屋中木柱。刘文静一位失宠的小妾把他的牢骚话告诉了自己的哥哥，她哥哥为了邀功领赏，竟向朝廷诬告他谋反。

裴寂受命审理此案，趁机劝说李渊杀了刘文静，以绝后患。于是，李渊也不听刘文静申辩，就下令将他处死了。

刘文静的死虽然冤枉，可是他不会做人，得罪了皇上，也是一大原因。至于他对裴寂的不满，究竟是因为看出了裴寂的卑劣，还是因为官阶的高低引起了不快；是因为他的心胸狭小，还是因为他刚正不阿，那就需要史学家去深入研究了。

总而言之，很多人尽管在处理工作等事项上颇有才干，但心态不够成熟，处世不懂迂回、不够练达，往往将自己置于被动的境地，这样的朋友是否应该从灌夫和刘文静的故事中，领悟到点什么呢？

嫉妒人则己不如人

嫉妒是一种极端情绪，是内心失衡的一种表现，每个人或多或少都会有点嫉妒心理，关键看你如何去把握、如何去控制。一旦嫉妒心理失控，不但难以有所建树，还会让自己活得疲惫不堪。

一切嫉妒的火，都是从燃烧自己开始。嫉妒者内心充满痛苦、焦虑、不安与怨恨，这些情绪久久郁积于内心，就会导致内分泌系统功能失调，心血管或神经系统功能紊乱，甚至破坏消化系统、血液循环系统的正常运行，会使大脑皮层下丘脑垂体激素、肾上腺皮质类激素分泌增加，使血清素类化学物质降低，引起多种疾病，如神经官能症、高血压、心脏病、肾病、肠胃病等，从而影响身心健康。所以，"嫉"实为"疾"也。

东汉末年，官渡一役令曹操声威大震，日益强盛起来。他先灭河北袁绍，又以不可阻挡之势先后灭掉几个大小诸侯，将刘备赶得几乎无处依身，最后又盯上了虎踞江东的孙权。曹操势大，诸葛亮遂提出联孙抗曹之论，刘备然之。于是，诸葛亮只身入东吴，舌战群雄、智激孙权，终与东吴结盟。

诸葛亮在吴期间，东吴都督周瑜忌诸葛亮之才，一心剪除以绝后患，但均被诸葛亮洞察先机一一化解，由此周瑜妒意愈深。

赤壁一战，凭诸葛亮、周瑜之智，得庞统、徐庶相助，火烧连环船，杀得曹军尸横遍野、血染江河。若不得关羽华容道义释，曹操几近不能生还。得意之余，周瑜欲乘胜而进，吞并曹操在荆州的地盘，谁知却被诸葛亮捷足先登。周瑜不甘意欲强攻，又被赵云射回，自己还中了一箭。

此后，东吴几次追要荆州均无功而返，周瑜不禁心生一计，与孙权密谋假嫁妹，赚刘备入东吴，再图之。可惜，此计又未能逃过诸葛亮的眼睛，他授予赵云3个锦囊，最终使得周瑜"赔了夫人又折兵"。

终于，周瑜按捺不住，欲"借道伐虢"，一举灭掉刘备，却被深谙兵法的诸葛亮挡回，并书信一封讥讽周瑜。周瑜原本气量狭小，三气之下终于长叹一声"既生瑜，何生亮"，追随孙策而去。

历史学家提出，诸葛亮与周瑜平生并无交集，这是罗贯中先生为神化诸葛亮而杜撰的情节。史实如何我们且不去管它，然而周瑜的一句"既生瑜，何生亮"却一直受到君子们的诟病，其原因就在于他没有一个正确的心态。面对才高于己的人，他不去谦虚讨教，以求他日赶超诸葛亮，反而去嫉妒、去陷害，最终负了孙策昔日之托，大业未成便撒手人寰。

嫉妒心强的人，一般自卑感较强，没有能力、没有信心赶超先进者，但却又有着极强的虚荣心，不甘心落后，不满足现状，所以看到一个人走在他前面了，他眼红、痛恨；另一个人也走在他前面了，他埋怨、愤怒、说三道四；第三个人又走在他前面了，他妒火上升、坐立不安……一方面，他要盯住成功者，试图找出他们成功的原因；另一方面，嫉妒又使得他心胸狭窄，戴着有色眼镜去看待别人的成功，觉得别人成功的原因似乎都是用不光彩的手段得来的，因而便想方设法去贬低他人，到处散布诽谤别人的谣言，有时甚至会干出伤天害理的事情来。这样做的结果，不但伤害了别人，同时也降低了自己的人格，毁掉了自己的荣誉，事后又难以避免地陷进自愧、自惭、自责、自罪、自弃等心理状态之中，为此夜不成眠、昼不能安，自己折磨自己。

很明显，嫉妒人正是因为己不如人。那么，我们为何不将嫉妒化作一种动力，借助这股动力去弥补自身的不足，赶超比你强的人呢？将嫉妒升华为良性竞争行为，嫉妒者会奋发进取，努力缩小与被嫉妒者之间的差距；而被嫉妒者面临挑战，一般也不会置若罔闻，为保持和发展自己的优势地位，他们会选择迎接挑战，从而强化竞争。也就是说，嫉妒可能会引发并维持一种现象，在良性竞争过程中，嫉妒双方一变而为竞争的双方，互相促进，共同优化。

嫉妒产生并促进良性竞争，从这个意义上说，嫉妒是一种很伟大的存在。但是，因嫉妒而采取如此积极态度和行为的人实在太少，嫉妒大量产生的是对立、仇视、攻击和破坏。古往今来，因嫉妒导致的悲剧不在少数。无怪乎巴尔扎克发出感叹："嫉妒潜伏在心底，如毒蛇潜伏在穴中。"

若想摆脱嫉妒的控制，重拾快乐，成就一个卓越的人生，从现在开始，你就必须唤醒自己的积极心理，勇敢地向对手挑战。积极的心理必然产生自爱、自强、奋斗、竞争的行动和意识。当你发现自己正隐隐嫉妒一个各方面都比自己优秀的同事时，你不妨反问自己：这是为什么？

在得出明确结论以后，你会大受启示：要赶超他人，就必须横下一条心，在学习和工作上努力，以求得事业成功。你不妨借助嫉妒心理的强烈超越意识去发奋努力，升华嫉妒之情，建立强大的超越意识，以增强竞争的信心。

你应该时刻提醒自己：嫉妒别人就证明自己不如别人，是在贬低自己，你为什么要做这种傻事呢？其实根本无须嫉妒别人，将精力、时间、智慧集中起来做好自己的事情，你一定会从生活中得到自己的一份收获。

傲慢之人，人必慢之

大千世界，众生百态。生活中不乏这样的人：他们骄傲而自负，总觉得自己高人一等，常常表现出冷漠而盛气凌人的表情，行为上喜欢独来独往，不爱理睬别人。这样的人看起来似乎很"潇洒"，其实，他们根本不懂人情世故或完全轻视、忽略人情世故；他们常常遭到别人的反感和疏远，其结果往往是处处碰壁、寸步难行。

人们常常注意到的所谓清高、孤傲与怠慢其实是一种自私心理，通常这三者是结合在一起的。它们相互作用的结果往往是使你孤陋寡闻，而其中危害人最深的就是傲慢。

傲慢是粗俗。它哗众取宠、盛气凌人，往往摆出"趾高气扬，不可一世"的俗态。

傲慢是无知。它庸俗浅薄、狭隘偏见，表现出夜郎自大的心态，是虚荣和一知半解结合的怪物。

傲慢是愚蠢。它故作高深，附庸风雅，其实是井底之蛙的仰望，是矫揉造作的不高明的表演。

傲慢是自负。它会使人觉得难于接近，只得敬而远之，或避而躲之。

傲慢是流沙。常常导致事业的失败。

中国的传统文化素来鄙视傲慢，崇尚平等待人。一般来说，越是才学丰富、见多识广的人就会越谦虚；文化水平越低、气量越小的人就会越傲慢。被奉为千古宗师的孔子说过这样的话：不要强不知以为知，要知之为知之，不知为不知。莫忘三人行必有我师。谦逊的态度会使人感到亲切，傲慢则往往会使自己感到难堪。

相传南宋时江西有一名士傲慢之极，凡人不理。一次他提出要与大诗人杨万里会一会。杨万里谦和地表示欢迎，并提出希望带一点江西的名产配盐幽菽来。名士见到杨万里后开口就说：请先生原谅，我读书人实在不知配盐幽菽是什么乡间之物，无法带来。杨万里则不慌不忙地从书架上拿下一本《韵略》，翻开当中一页递给名士，只见书上写着："豉，配盐幽菽也。"

原来杨万里让他带的就是家庭日常食用的豆豉啊！此时，名士面红耳赤，方恨自己读书太少，后悔自己为人不该太傲慢。

我们要想将傲慢从内心中剔除，必须要做到以下两点：

1. 认清自己。 防止傲慢首先要认清自己，一个人要正确认识自己是很不容易的。傲慢的人要么自以为有知识而清高，要么自以为有本事而自大，要么自以为有钱财而不可一世，要么自以为有权势而压人。殊不知，天外有天，人外有人，还有能人在前头。人贵有自知之明。古今中外成大事业者，都是虚怀若谷、好学不倦、从不傲慢的人。

宋代文学家欧阳修，其晚年的文学造诣可说是达到了炉火纯青的地步，但他从不狂妄自大，仍一遍遍修改自己的文章。他的夫人怕他累坏了身体，劝他说："何必这样自讨苦吃？又不是小学生，难道还怕先生生气吗？"欧阳修回答说："不是怕先生生气，而是怕后生笑话！"

虚心自知，这才是医治傲慢的一剂良方。

2. **平等待人**。与人交往一定要做到平等待人。平等待人不仅是文明礼貌的行为，也是人品修养的天平。平等待人是针对傲慢无理而言的。它要求人们在社会交往中，不管彼此之间的社会地位和生活条件有多大的差别，都一视同仁，不要做趋炎附势的小人。古人说"不谄上而慢下，不厌故而敬新"，就是告诉我们待人时不应用卑贱的态度去巴结逢迎有权势、有钱财的人，而怠慢经济条件较差、社会地位不高的人。人本无高低贵贱之分，每个人都有自己的人格。人格作为人的一种意识和心理深深地附着在人的身上，并时时加以维护。人格的基本要求是不受歧视、不被侮辱，即要求平等。

傲慢之人必是无礼之人，无礼之人必将遭到别人的厌弃。如果你不愿遭到别人的反感、疏远，那你就切勿傲慢和过分强调自我。如果人人都注意加强品德修养，人人都谨防傲慢，那将会使我们的人际关系更加和谐，使我们生活得更加幸福和愉快。

当断不断，必受其乱

当情况不明而又亟须你作出决断时，一个哪怕错误的决定也要比瞻前顾后强得多。

有一位作家说过:"世界上最可怜又最可恨的人,莫过于那些总是瞻前顾后、不知取舍的人,莫过于那些不敢承担风险、彷徨犹豫的人,莫过于那些无法忍受压力、优柔寡断的人,莫过于那些容易受他人影响、没有自己主见的人,莫过于那些拈轻怕重、不思进取的人,莫过于那些从未感受到自身伟大内在力量的人。他们总是背信弃义、左右摇摆,最终自己毁坏了自己的名声,最终一事无成。"

有这样一则寓言:

一头驴在两垛青草之间徘徊,欲吃这一垛青草时,却发现另一垛青草更嫩、更有营养。于是,驴子来回奔波,没吃上一棵青草,最后饿死了。驴子饿死,是因为没有草吗?不是,草足够它吃饱的,可它确确实实饿死了。这是因为它把大部分的精力花在考虑该吃哪一垛草上,而没有去实践吃草。

也许有人认为,我们人比驴子聪明多了,不会犯驴子一样的错误。果真如此吗?答案是否定的。

一个父亲试图用金钱赎回在战争中被敌军俘虏的两个儿子。这个父亲愿意以自己的生命和一笔赎金来救儿子。但他被告知,只能以这种方式救回一个儿子,他必须选择救哪一个。这个慈爱而饱受折磨的父亲非常渴望救出自己的儿子,甚至不惜付出自己的生命,但是在这个紧要关头,他无法决定救哪一个儿子、牺牲哪一个。这样,他一直处于两难选择的巨大痛苦中,结果他的两个儿子都被处决了。

歌德曾经说过,犹豫不决的人,永远找不到最好的答案,因为机遇会在你犹豫的片刻失掉。李云龙作为一个亮剑的高手,没有犹豫不决的习惯,即使是处在混乱中,他也能果断地作出自己的选择。

在很多时候,这种"立即行动"的做法能够改变事情的结果。

在圣皮埃尔岛发生火山爆发大灾难的前一天，一艘意大利商船奥萨利纳号正在装货准备运往法国。船长马里奥敏锐地察觉到了火山爆发的威胁。于是，他决定停止装货，立刻驶离这里，但是发货人不同意。他们威胁说现在货物只装载了一半，如果他胆敢离开港口，他们就去控告他。但是，船长的决心却毫不动摇。他们一再向船长保证培雷火山并没有爆发的危险。船长坚定地回答道："我对于培雷火山一无所知，但是如果维苏威火山像这个火山今天早上的样子，我一定要离开那不勒斯。现在我必须离开这里。我宁可承担货物只装载了一半的责任，也不继续冒着风险在这儿装货。"

24小时后，发货人和两个海关官员正准备逮捕马里奥船长，圣皮埃尔的火山爆发了。他们全都死了。这时候奥萨利纳号却安全地航行在公海上，向法国前进。

试想一下，如果马里奥船长迟疑不决的话，他会得到什么样的结局呢？毫无疑问，同火山一起毁灭。在一些必须作出决定的紧急时刻，你就不能因为条件不成熟而犹豫不决，你只能把自己全部的理解力激发出来，在当时情况下作出一个最有利的决定。当机立断地作出一个决定，你可能成功，也可能失败，但如果犹豫不决，那结果就只剩下了失败。

所以，我们要努力训练自己在做事时当机立断的习惯，就算有时会犯错，也比那种犹豫不决、迟迟不敢作决定的习惯要好。

成千上万的人因为做事犹豫不决而错失良机。要知道，在任何情况下，不能信心百倍地作出自己的决断都是一个悲剧。

《世界上最伟大的推销员》的作者奥格·曼狄诺敬告人们："真的，无论是谁，无论是想干一件什么事，如果优柔寡断的话，就会一事无成。"

让爱喘息

有一个小男孩，叔叔送给他一只小鸟。他很喜欢，便将它放进笼子，为它做了一个温暖舒适的窝，每天还要去捉些小虫来喂它。可是，他发现小鸟并不快乐，它不肯进食，就连叫声似乎也带着几许悲戚。小男孩很是担心，便去向妈妈求助。妈妈微笑着看着自己的孩子，轻声说道："你爱它就给它自由。"

爱，这世间最伟大、最美好、最曼妙的感情；爱，任何一个人都不可或缺的生存因素。没有爱，世界将是一片黑暗；没有爱的滋润，人生必将充满荒芜。然而，生存在爱的世界里，又有几人真正懂得去经营爱、呵护爱呢？

爱是一种生命，它同样需要喘息、需要空间、需要自由，需要你放手让它去飞翔。爱的红线不能绷得太紧，否则终有一天彼此会感到疲惫，而线也会随之绷断。

斌和雨是大学同学，二人相恋3年，最后携手走进了婚姻的殿堂。婚后的生活开始很幸福，雨就像影子一样，一直追随在斌的身旁。她曾幸福地说："我要做他的影子，只要他需要我，随时就能找到我。"

然而出人意料的是，他们竟离婚了！斌告诉朋友："其实我们彼此还深爱着对方，但是这份爱让我太过疲惫，我只能选择放手。"

当朋友问及缘由时，斌回答："男人需要应酬，或多或少都要喝点酒，可是她反对，于是我就戒酒。在她面前，只要是不突破底线的事

第八章 优化『心态』——心静自然强

情，我从不坚持。我知道她这是为我好，我应该给予她相应的尊重，久而久之这便成了她的一种习惯，她一直左右着我的生活。或许在她看来，唯有如此才能说明她在我心中的重要。"

"于是你厌烦了，想要摆脱？"朋友问道。

"不，若是如此我们根本不可能将婚姻维持到今天。而且，这种情况下我该感到解脱才对，可为什么心中还会隐隐作痛呢？"

原来，婚后不久斌去了一家外资企业，而雨去了政府部门，工作强度相差甚远。斌为了赶任务经常需要加班，而雨一直很清闲。最初，雨只是抱怨，抱怨斌没有时间陪她。时间久了，这种抱怨逐渐升级为猜忌。他加班回家晚，她就等着他，他不回来她决不睡觉。他回来以后，她就趁着他洗澡的间隙去翻他的口袋、嗅他的衬衣、翻看他的手机……看看能否从中找到一些证据。他上班时，她每天都要打几个电话"关心"一下，却从不顾及他的感受。再后来，她甚至会因为朋友间的一个玩笑信息，追着他盘问半天。

时间久了，他累了，她也累了。生活、事业重重压力之下的他实在疲于花费精力去解释，既然两个人在一起猜忌多过于开心，不如暂时分开让彼此冷静一下。一段时间以后，他找到她，希望两个人能够重新开始，重新找回以往的甜蜜、温馨与信任。但是，她拒绝了，她之所以拒绝不是因为不爱，而是因为无法面对。她无法面对他，更无法面对自己，她不知自己被什么迷了心窍，竟去无端猜忌一个如此深爱自己的男人。是她害得他离开，是她害得自己疲惫不堪，她不知该如何去面对这一切，所以只能选择从他的世界中消失……

你是否也曾做得有些过火，将爱禁锢在自己编织的鸟笼中，让他（她）感到无法呼吸？生活中有很多人认为，爱就是紧紧相拥，不留一点空隙，因为一旦有了距离，爱也就疏远了。其实爱情与人一样，需要起码的空间、氧气作为生存条件。将爱紧紧攥在手心里，恋爱中的一方必然会感到压力十足，会感到难以喘息，这只会逼迫他（她）逃离。

给予爱适当的空间，松开你紧紧攥着的手，你会发现生活原来如此轻松、如此惬意。给予爱一个自由呼吸、自由舒展的空间，你会发现爱情之花开得更加娇艳。

得意之时，勿忘形骸

《中庸》中记载："万物并育而不相害，道并行而不相悖。小德川流，大德敦化。此天地之所以为大也！"

做人处世，应该以双赢为原则，像自然界一样，万物一起生长而不互相妨害，道路同时并行而互不冲突。所以，儒家认为，小的德行如同河水一样长流不息，大的德行使万物敦厚纯朴。这就是自然的伟大之处啊！

在现实生活中，有些人一旦取得一点成就便得意忘形，行事张狂起来，却不知道这个时候有多少双眼睛在看着他，随时准备拉他下水。所以，在得意时更须谨言慎行，更要注意柔婉处世，处理好自己的人际关系。

东汉时期，北方边境的匈奴经常越境扰民，当朝皇帝深感忧虑，遂派班超出使西域，希望团结西域诸国共同对抗匈奴。

当时地处大漠西缘的莎车国，煽动周边小国，归附匈奴，反对汉朝。班超决定首先平定莎车，显现天朝皇威，杀鸡儆猴，让其他小国臣服。

莎车国王北向龟兹求援，龟兹国王亲率5万人马，援救莎车。班超联合于阗等国，兵力仅有25000人，敌众我寡，难以力克，只能智取不能力敌。

班超决定用声东击西之计，迷惑敌人。他派人在军中散布对自己的不满言论，制造获胜无望准备撤军的假象。士兵们故意在俘虏营帐前嘀嘀咕咕，让莎车俘虏听得一清二楚。到了黄昏，班超命于阗大军向东撤退，自己率部向西撤退，故意作出慌乱不堪的样子，让俘虏趁机逃脱。

俘虏逃回莎车营中，向国王报告了汉军大撤退的消息。龟兹王大喜，以为班超惧怕自己而仓皇逃窜，就下令兵分两路杀向汉军。他亲自率一万精兵向西追杀班超。

谁知班超胸有成竹，撤退仅10里，趁夜幕笼罩大漠，部队即就地隐蔽。龟兹王求胜心切，率领追兵从班超隐蔽处飞驰而过，班超立刻集合部队，与事先约定的东路于阗人马，迅速回师杀向莎车。莎车军队猝不及防，迅速溃败。莎车王逃走不及，只好请降。龟兹王气势汹汹地追赶了一个晚上，连汉军的人影都没见着，待知道莎车已被平定，方知大势已去，只好收拾残部，悻悻回国。

龟兹王败就败在他得意过了头，自以为是，倘若他能够清醒一些，半路杀回，汉军未必就能大获全胜。

我们与人交往时，切记不可得意忘形，这样只能让朋友们在无法容忍的时候远离自己。

有修养的人，是不会随便炫耀自己的，他很清楚一个人的地位如何、能力如何，别人只要观察一下就可知道，用不着自己去显摆。况且，三十年河东，三十年河西，谁也不能常保富贵，谁知道哪一天被你踩在脚下的那个人就会摇身一变，成了踩在你头上的那一位呢。所以奉劝一句：当君得意之时，切记勿忘形骸。

第九章 优化"口才"
——练就一张莲花口

"会说话的让人笑,不会说话的让人跳。"表达方式的不同,会产生不同的效果。

我们的话说得不好,小则可以招怨,大则可能伤身。我们虽然没手执国柄,不必担心因为说话的轻重或对错,去负"兴邦"或是"丧邦"的责任,但是,我们总不能不顾及到"快乐"或是"招怨"这两个与自身利害攸关的大问题吧。

天天说话，未必真会说话

有一个人为了庆祝自己的40岁生日，特别邀请了4个朋友到家中吃饭庆祝。

3个人准时到达了，只剩一人，不知何故，迟迟未来。

这人有些着急，不禁脱口而出："急死人啦！该来的怎么还没来呢？"

其中有一人听了之后很不高兴，对主人说："你说该来的还没来，意思就是我们是不该来的，那我告辞了，再见。"说完，就气冲冲地走了。

一人没来，另一人又气走了，这人急得又冒出一句："真是的，不该走的却走了。"

剩下的两人，其中有一个生气地说："照你这么讲，该走的是我们啦！好，我走。"说完，掉头就走了。

又把一个人气走了，主人急得如热锅上的蚂蚁，不知所措。

最后剩下的这一个朋友交情较深，就劝这人说："朋友都被你气走了，你说话应该注意一下。"

这人很无奈地说："他们全都误会我了，我根本不是说他们。"

最后这朋友听了，再也按捺不住，脸色大变道："什么！你不是说他们，那就是说我啦！莫名其妙，有什么了不起。"说完，也铁青着脸走了。

我们天天说话，未必真会说话。有些人说起话来娓娓动听，让人浑身舒服，忍不住会同意你的说法；有些人说起话来像是一柄利刃，令人感觉浑身不自在；有些人说起话来，一开口就让人感到厌烦。

我们不妨回忆一下，自己说了这么久的话，是不是每一句都能使人家心悦诚服呢？我们与人辩论时是不是自己能够大获全胜？"三寸不烂之舌"是对于会说话之人的一种称赞，然而若想达到此境界，的确不是一件轻松的事情。

虽然我们并不想去做辩士和说客，我们不需要犀利的舌锋，但是我们必须明白，人的一生不外乎言语和动作，我们不能终生不说话，一切的人情世故，一大半是在说话当中。

我们的话说得好，小则可以让人欢乐，大则可以办成大事；我们的话说得不好，小则可以招怨，大则可以伤身。我们虽然没手执国柄，不必担心因为说话的轻重或对错，去负"兴邦"或是"丧邦"的责任，但是，我们总不能不顾及到"快乐"或是"招怨"这两个与自身利害攸关的大问题吧。

很多人都以为说话容易，不像做文章那样难。因为，不管大人或是小孩，不管文明人或是粗野人，时时刻刻都要说话，所以说话是不觉得困难的。至于写文章那就不然，不是张三李四都能够做的，就觉得说话容易而作文困难了。其实，说话未必比写文章容易。写文章是写了可以修改的，而一句话说了出来如果要加以修改，那是比较困难的。写文章写了几句，可以搁笔构思，你去想几分钟、几小时甚至几天都不要紧，而对于说话，则不能如此。

无论如何，归根结底一句话："话不在多而在精。"说出一句算一句，那才叫会说话。满嘴胡言，词不达意，恐怕说得再多，也无济于事，反让人生厌。

说话的角度不同，得到的结果也会不同，所以说，动口之前一定要

第九章　优化『口才』——练就一张莲花口

先想一想从哪个角度说才能达到理想的效果。

有两个年轻的修士同时进入一所修道院修道,两人过去都有抽烟的习惯。

为了能一解烟瘾,其中一位去问老院长:"我能不能在祷告的时候抽烟?"结果此人被臭骂一顿回来。

另一个修士问老院长:"我可不可以一边抽烟一边祷告?"这人居然被院长大大地夸奖一番,称赞他连抽烟都想到要祷告。

这两个修士,所做的事是一样的,只因说话的角度不同,而招来了两种截然不同的待遇。可见,我们在说话之前,得好好地打打腹稿。

用"尊重"笼络人心

每个人都渴望得到别人的尊重,这是人的基本精神需求之一。那么,在人际交往中,我们应如何顺应这种心理需求,在言谈举止中做到尊重他人,借以笼络人心呢?大家可以从以下几个方面入手。

1. 从"心理"上尊重别人

我们必须牢记"每个人在人格上都是平等的"这一信条,不以位高自居、自足、自傲。只有在"心理"上尊重别人,才可能做出尊重别人的举动。

2. 把握角色,知己知彼

把握角色是与人交往的基本要求。这一要求包括知己和知彼两方面。所谓知己就是要善于根据时间、地点的变化而变换角色,否则就难免造成不尊重人的场面。比如你是一个领导,在单位里严肃认真是必要的。但如果你回到家对娇妻爱子再摆出一副凛然不可侵犯的架势，妻子儿女就会认为你缺乏人情味，不尊重他们对夫爱、父爱的需求。所谓知彼，就是要了解对方的年龄、身份、语言习惯等。假如对方是位年长者，而你是个青年人，在称呼上要礼貌，在语气上要委婉，在语速上要和缓，在话题上要"投其所好"。这些都体现了对长者的尊重，必然能赢得对方的赞赏。

3. 搞清背景再开口

如果在交际过程中能考虑对方的背景，不触及对方的隐秘；如果在别人交谈时没有弄清别人话题的前提，不突然插嘴；如果在谈话过程中不让自己的话带有更多的隐含前提，特别是错误前提，就是对别人的尊重。面对矮人却大谈"矬子"、随意打断别人的谈话而又"牛头不对马嘴"地乱发议论、人家明明是自学成才却偏问"你是哪个大学毕业的"，这些都是对别人的不尊重。

4. 注意你的态度

在与人交往中，你采取什么样的态度将体现出你对别人尊重的程度。比如注意倾听别人的谈话、谦虚待人、礼貌待人、实事求是地评论人或事，都是尊重别人的表现。

5. 区分不同场合

场合不仅可以提供话题，诱发谈兴，还能为你尊重别人提供机会。例如，在严肃的会场不要说笑打闹，否则就是对领导的不尊重；在朋友的婚宴上应该谈些喜庆的、吉利的话题，如果你总谈些令人扫兴的话，就是对朋友的不尊重，即使朋友嘴里不说，心里也早已将你划为"不受欢迎的人"了。

6. 处世礼为先

俗话说："礼多人不怪。"礼仪不仅能体现一个人的修养和人品，还能体现出对他人的尊重，赢得别人的好感。在社交场合，男方将女方的手握得太紧、时间太长，是对女方的不尊重，会给人以轻佻之嫌；参加朋友的婚礼而蓬头垢面、不修边幅，不仅有损自己的形象，也是对朋友的不尊重；和异性朋友靠得过近，甚至凑到对方耳边"窃窃私语"，是对对方的不尊重；站着与别人交谈而脚不停地"啪啪"打地，会使人感觉你已"不耐烦"；与朋友特别是长辈、上级、新朋友坐着交谈而大跷"二郎脚"，甚至抖腿，在对方看来，这是轻佻的表现、傲慢的外露，是对对方的不尊重。

7. 不打断别人的谈兴

这点也体现在多方面。例如，对对方的话题保持浓厚的兴趣，注意选择双方都熟悉又都感兴趣的话题，在对方谈兴未尽时不随便转移话题，以及结束话题时有所暗示、留有余地等等，都是尊重别人的体现。

8. 交谈时别惹人难堪

问答在交谈过程中是很常见的，但如何问却大有学问，因为问不好会造成难堪的场面，伤害别人的自尊。例如，问话时应注意把握时机，别人正谈得火热，你突然一问打断别人的交谈，是不尊重别人的表现；别人在某方面忌讳很深，你却不管不顾偏要追问，也是不尊重对方的表现，等等。

懂得尊重别人体现出了一个人的修养和品格，简单的道理就是：你尊重别人，别人也会尊重你。所谓爱人者人恒爱之，敬人者人恒敬之。

自我介绍要语惊四座

在初次见面时，自我介绍是必不可少的。从交际心理上看，人们首次相识，彼此都有一种了解对方、渴望得到对方尊重的心理。这时，如果你能及时、简明地进行自我介绍，不仅能够满足对方的渴望，而且对方也会还之以礼。如此一来，双方以诚相见，就为彼此的沟通及进一步交往奠定了良好的基础。

大多数情况下，在参加社交集会时，主人无暇把每一个人的情况都作详细介绍。你不妨抓住时机，多作几句自我介绍，给众人留下一个深刻的印象，也好为日后的进一步交往打下伏笔。一般来说，好的时机有两种：其一，主人介绍话音刚落时，你可接过话头再补充几句；其二，如果有人表示出想进一步了解你的意向，你可以趁势作详细的自我介绍。

简单地说，作自我介绍时需注意以下几点：

1. **要有自信心**。在日常交往中，尤其是求人办事时，有些人怕见陌生人，见到陌生人，似乎思维就凝固了，手脚僵硬、结结巴巴。而那些原本不善言谈的人，嘴巴则更像贴了封条。其实，要克服这种胆怯心理，关键是要有自信。有了自信心，才能介绍好自己，给别人留下深刻的印象。

2. **要真诚自然**。有人把自我介绍称为自我推销。既然推销产品时需要以"货真价实"为基础，那么推销自我就不能不顾事实，自我炫耀。因此，我们在作自我介绍时，最好不要用"很"、"最"、"极"等词汇，给人留下"狂"的印象；相反，真诚自然的自我介绍，往往能使自己的特色更加令人瞩目。

3. **要考虑对象**。自我介绍的根本目的是要给对方留下一个深刻印象，因此必须要站在对方的角度说话。

我们在介绍自己时，一定要重视那个或那群与你打交道的人，要随机应变。如果你面对的是年长、严肃的人，你最好也认真规矩些；如果与你打交道的人随和而又幽默，你不妨就用轻松的话语来展示自己的特点。

4. **"一语惊四座"**。某南京大学女毕业生，在参加某公司复试时，当面指出该公司的不足之处，并引经据典，以其国外案例做论据。复试结果，她被首先聘任。

该大学生之所以能够脱颖而出，正因为她巧妙运用了"说话"的技巧——由"捧"转为"批"。她让主考官知道，自己在"关心"公司，自己想要进入该公司的态度是认真的，因为自己已经在关注该公司，已经投入到了对该公司未来的探索之中。她为此做好了充足的准备，通过案例及分析将主考官折服，由此更表现出了自己的水平之高。所以在主考官眼里，她与那些"抱着试试看"态度的面试者大不一样，她值得该公司聘用。

需要注意的是，"出语惊人"，原则在于令对方惊叹你的能力，给予对方深刻的印象，而不是信口胡诌吓到对方。所以我们在作自我介绍时，态度一定要诚恳，要事实求是，要说到点子上，令对方乐于接受你的介绍，并渴望与你继续交往。

总而言之，自我介绍一定要将你的口才发挥得淋漓尽致，使之成为你与他人沟通及进一步交往的桥梁。

赞美是成功的助推器

人性总是喜赞扬而厌批评的，抓住了人们的这一心理，什么事情都好解释；满足了人们的这一心理，什么事情都有可能办成。

会处世者善于抓住不同人的特点区别对待，抓住对方的"软肋"进行赞美，这就是通常所说的"投其所好"。

布拉格尔电气公司的布朗用投其所好的办法，使一个拒他于千里之外的老太太，十分高兴地与他做成了一笔大生意，顺利完成了推销用电的任务。那天，布朗走到一家整洁的农舍前去敲门。户主布朗肯·布拉德老太太得知是电气公司的推销员之后，便"砰"地一声把门关闭了。布朗再次敲门，没有一点回应。经过一番调查，布朗又上门了，他说："布拉德太太，很对不起，打扰您了，我不是来向您推销用电的，只是要向您买一点鸡蛋。"老太太的态度这时比以前温和了许多。布朗接着说："您家的鸡长得真好，看它们的羽毛多漂亮。这些鸡大概是德国名种吧！能不能卖一些鸡蛋呢？"布拉德太太反问："你怎么知道是德国的鸡呢？"此时布朗十分清楚他的投其所好之计已初见成效了，于是更加诚恳而恭敬地说："我家也养了这种鸡，可像您所养的这么好的鸡，我还从来没见过呢！而且我家的鸡只会生白蛋。您的邻居也都说只有您家的鸡蛋最好。布拉德太太，您知道，做蛋糕得用好蛋。我太太今天要做蛋糕，我只好跑到您这里来……"老太太顿时眉开眼笑，将布朗迎进屋中。

进屋后，布朗发现这里有整套的奶酪设备，断定男主人定是养乳牛的，于是继续说："布拉德太太，我敢打赌，您养鸡赚的钱一定比您先生养乳牛赚的钱还多。"老太太心花怒放，乐得几乎要跳起来，因为她丈夫长期不肯承认这件事，而她则总想告诉大家，养鸡的收入更可观一些，可是没人感兴趣。布拉德太太马上把布朗当做知己，不厌其烦地带他参观鸡舍。布朗知道，他投其所好之计已达到预期的目的了，但他在参观时还是不时发出由衷的赞美。赞美声中，老太太介绍养鸡方面的经验，布朗听得很认真，他们变得很亲近，几乎无话不谈。赞美声中，老太太也向布朗请教了用电的好处。布朗针对养鸡用电详细地予以说明，老太太也听得很认真。两星期后，布朗收到了布拉德老太太的用电申请。

第九章 优化『口才』——练就一张莲花口

| 187 |

求人办事，有时用直来直去的方法显然难以奏效。反之，若根据不同谈话对象的特点，将谈话向其感兴趣的方向稍微绕一下，往往可以曲径通幽、渐入佳境，最终达到预期的目的。

有一个周游世界的妇女，无论她走到哪个国家，都会立刻结识一大群朋友。一个青年问她其中的秘密，她说："我每到一个国家，就立刻着手学习这个国家的语言，并且只学一句，那就是'美极了'或者是'漂亮'，就因为我会用各种不同的语言表达这个意思，因此我的朋友遍天下。"

是的，"美极了"的确是一个绝妙的词，我们可以对任何一个人用上这个词，也可以用在一餐饭上，甚至一只猫、一只狗的身上。只要一个人的听觉没有失灵，当他听到这个词时，心情一定会快乐许多，所以不要吝啬你的赞美。

别人身上值得赞美的地方数不胜数，纵然是没有特别技艺和才能的人，他们在性格上也有或多或少的优点，如豪爽、和蔼、细心、大方等等。总之，凡是值得一赞的特征，我们都不妨去赞美一下。

不要怕因赞美别人而降低自己的身价，相反，应当通过赞美表示你对人的真诚。请记住这一句话："给活着的人献上一朵玫瑰，要比给死人献上一个大花圈价值大得多。"生活中没有赞美是不可想象的。百老汇一位喜剧演员有一次做了个梦，自己在一个座无虚席的剧院，给成千上万的观众表演，然而，没有赢得一丝掌声。他后来说："即使一个星期能赚上10万美元，这种无人喝彩的生活也如同下地狱一般。"

赞美并不是一件容易的事。有些人平时对一切都显出不屑一顾的样子，好像人世间根本不存在值得他赞美的事物。这种人缺乏真情实感，缺乏谦逊的品德，即使口中说出赞美之词，也像是一种虚伪的客套，甚至被人误认为是在讽刺。

当你赞美别人的时候，好像用火把照亮了别人的生活，使他的生活更加五彩斑斓；同时，火把也会照亮你的心田，使你在这种真诚的赞美中感到愉快和满足，并推动你对所赞美事物的向往，引导自己向这方面前进。当你向朋友说"我最佩服你遇事能够坚决果断，我能像你这样就好了"的时候，同时也会被朋友的美德所吸引，竭力使自己也能够坚强果断起来。妻子或丈夫要能学会多赞美对方的话，那就等于取得了最可靠的婚姻保险。

经常赞美别人的人，胸襟多半是开阔的，心境多半是快乐的，与人的关系多半是和谐的，而他个人的生活也多半是富有生命力的。

赞美还能令被赞美者继续将自己的优点发扬下去。你赞美一个人的勇敢，就能使他加倍勇敢；你赞美一个人的勤劳，就能使他永不懈怠。多少人从热烈的掌声中，更加奋发；反之，多少人在责怪、怨骂声中消沉下去。

此外，赞美还可以消除人与人之间的怨恨。

某地有一家历史悠久的药店，店主皮亚具有丰富的经营经验。正当他的事业蒸蒸日上时，离他不远的地方又新开了一家小店。皮亚对这位新来的对手十分不满，到处向人指责小店卖次药，毫无配方经验。小店主听了很气愤，想到法院去起诉。后来，一位律师劝他，不妨试试表示善意的方法。第二次，顾客们又向小店主述说皮亚的攻击时，小店主说："一定是误会了，皮亚是本地最好的药店主。他在任何时候都乐意给急诊病人配药。他这种对病人的关心给我们大家树立了一个极好的榜样。我们这个地方有很大的发展空间，我们做生意还有很大的潜力，我是以皮亚作为榜样的。"当皮亚听到这些话后，急不可耐地找到自己的年轻对手，还向他介绍自己的经验。就这样，怨恨消解了。

由此可见，赞美的功效是何其的巨大与神奇！

拒绝的艺术

任何人都有得到别人理解与帮助的需要,任何人也都常常会收到来自别人的请求和希望。可是在现实生活中,谁也无法做到有求必应,所以,掌握好说"不"的分寸和技巧就显得很有必要。

人都是有自尊心的,一个人有求于别人时,往往都带着惴惴不安的心理。如果别人求到你,而你一开口就说"不行",势必会伤害对方的自尊心,引起对方强烈的反感。如果你能在话语中让他感觉到"不"的意思,从而委婉地拒绝对方,就能够收到良好的效果。

要拒绝、制止或反对对方的某些要求、行为时,你可以利用某种含糊的原因作为借口,避免与对方直接对立。比如,你的同事向你推销一套家具,而你却并不需要,这时候,你可以对对方说:"这样的家具确实比较便宜,只是我也弄不清楚究竟怎样的家具更适合现代家庭。据说有些人对家具的要求是比较复杂的。我的信息也太缺乏了。"

在这种情况下,同事只好带着莫名其妙或似懂非懂的表情离去,因为他们听出了"不买"的意思,想要继续说服你什么家具"更适合现代的家庭",却是一个十分笼统而模糊的概念。这样,即使同事想组织"第二次进攻",也会因为找不到明确的目标而只好作罢。

当别人有求于你的时候,很可能是在万不得已的情况下才来请你帮忙的,其心情多半是既无奈而又感到不好意思。所以,先不要急着拒绝对方,而应该尊重对方的愿望,从头到尾认真听完对方的请求,先说一些关心、同情的话,然后再讲清实际情况,说明无法接受要求的理由。

由于先说了一些让人听了产生共鸣的话，对方才能相信你所陈述的情况是真实的，相信你的拒绝是出于无奈，因而也能够理解你。

例如，有人想请长假外出经商，来找某医院的医生朋友，想让他出具一份假的肝炎病历和报告单。对此作假行为，医院早已多次明令禁止，一经查实要严肃处理。于是该医生就婉转地把难处讲给朋友听。最后朋友说："我一时没想那么多，经你这么一说，我也觉得这个办法不行。"

这样的拒绝，既不会影响朋友间的感情，又能体现出你的善意和坦诚。

拒绝对方，你还可以幽默轻松、委婉含蓄地表明自己的立场，那样既可以达到拒绝的目的，又可以使双方摆脱尴尬处境，活跃融洽气氛。

美国前总统富兰克林·罗斯福在就任总统之前，曾在海军部担任要职。有一次，他的一位好朋友向他打听在加勒比海一个小岛上建立潜艇基地的计划。罗斯福神秘地向四周看了看，压低声音问道："你能保密吗？""当然能。""那么"，罗斯福微笑地看着他，"我也能。"

富兰克林·罗斯福用轻松幽默的语言委婉含蓄地拒绝了对方，在朋友面前既坚持了不能泄密的原则立场，又没有使朋友陷入难堪，取得了极好的语言交际效果。在罗斯福死后多年，这位朋友还能愉快地谈及这段总统轶事。相反，如果罗斯福表情严肃、义正辞严地加以拒绝，甚至心怀疑虑，认真盘问对方为什么打听这个、有什么目的、受谁指使，岂不是小题大作、有煞风景？其结果必然是两人之间的友情出现裂痕甚至危机。

有人想让庄子去做官，庄子并未直接拒绝，而是打了一个比方，他说:"你看到太庙里被当做供品的牛马吗？当它们尚未被宰杀时，披着华丽的布料，吃着最好的饲料，的确风光，但一到了太庙，被宰杀成为牺牲品，再想自由自在地生活着，可能吗？"

庄子虽没有正面回答，但一个很贴切的比喻已经回答了，让他去做官是不可能的，对方自然也就不再坚持了。

其实，拒绝别人的方式有很多种，你可以给自己找个漂亮的借口；也可以运用缓兵之计，当场不予以表态；或者用一种模糊、笼统的方式，让对方从中感觉到你对他的请求不感兴趣，进而达到巧妙的拒绝效果。

把他"批"舒服了

没有人愿意挨批，无论你说得有多正确，所以批评经常会引发一些负面效应。但是，有些人却能够恰当地掌控批评的方法与尺度，使批评达到春风化雨、甜口良药也治病的效果。

美国南北战争时期，下属向林肯总统打听敌人的兵力数量。林肯不假思索地答道："120万~160万之间。"下属又问其依据何在，林肯说："敌人多于我们三四倍。我军40万，敌人不就是120万~160万吗？"

为了对军官夸大敌情、开脱责任提出批评，林肯巧妙地开了个玩笑，借调侃之语嘲笑了谎报军情的军官。这种批评显然比直言不讳地斥责要好多了。

其实，很多时候批评的效果往往并不在于言语的尖刻，恰恰在于形式的巧妙，正如一片药加上一层糖衣，不但可以减轻吃药者的痛苦，而且使人很愿意接受。批评也一样，如果我们能在必要的时候给其加上一层"外衣"，也同样可以达到"甜口良药也治病"的目的。

故事一：

某日中午，张爽来到自己的钢铁厂"微服私访"，正巧撞见几个工人在吸烟，而在那些工人头顶正悬着一面"禁止吸烟"的牌子，但张爽并没有直接批评工人。

他走到那些工人面前，拿出烟盒，给了每人一支烟，然后请他们到外边去抽。那些工人知道自己破坏了规定，可是他们钦佩张爽的宽容，而且还给他们每人一烟。工人们觉得受到了尊重，很高兴地走到了外面。

故事二：

1987年3月8日，最善于布道的彼德牧师去世了。下一周的星期日，艾鲍德牧师被邀登坛演讲。他尽其所能，想使这次演讲有完美的效果，所以他事前写了一篇演讲稿，准备到时宣读。他一再修改、润色，才把那篇稿子完成，然后，读给他太太听。可是这篇讲道的演讲稿并不理想，就像普通演讲稿一样。

如果他太太没有足够的修养和见解，一定会直接说出这篇稿子糟透了，绝对不能用，因为它听起来就像百科全书一样枯燥无味。

但艾鲍德太太知道间接批评别人的好处，所以她巧妙地暗示丈夫，如果把那篇演讲稿拿到北美评论去发表，确实是一篇极好的文章。也就是说，她边赞美丈夫的杰作，同时却又向丈夫巧妙地进行了暗示，他这

第九章 优化『口才』——练就一张莲花口

篇演讲稿，并不适合讲演时用。艾鲍德明白了妻子的暗示，就把他那篇绞尽脑汁完成的演讲稿撕碎了。他什么也不准备，就去演讲了。

我们要劝阻一件事，应躲开正面批评，这是必须要记住的。如果有这个必要的话，我们不妨旁敲侧击地去暗示对方。对人正面地批评，会毁损他的自信，伤害他的自尊；如果你旁敲侧击，对方知道你用心良苦，他不但会接受，而且还会感激你。

当老板、上司、权位高于你的人，做出一些貌似有理、似是而非的举动时，直言不讳显然是不妥的。这样做得罪人不说，甚至还有可能给你的前途造成一定的负面影响。遇到这种情况，我们就要采取迂回策略，指东说西，曲折地指出对方的错误，这样往往会让他们更乐于接受。

某排长指示战士将部队的石料拉出去送人情，战士不从。排长当即说道："这是命令，军人以服从命令为天职，这要是在战场……"

战士马上打断排长的话："排长，您的话不错，不过我能问您个问题吗？"

"你问吧。"排长表示同意。

"若是在战场上，有人命令我们向敌人投降，我们是不是应该照做呢？"

"废话！当然不行！"

"是的，执行命令首先要看命令错对与否。如果命令有误，我们不但可以不执行，还可以向上级反映。这是入伍时排长您教导我们的，我们一直牢记在心。"

排长听后苦笑了一下，最终放弃了自己的做法。

这个战士就非常聪明，他没有直接指出排长的不当之处，而是画了个圈,最后才将重点引到原来的问题上。这种做法不但给自己留下了一定余地,而且有效地切断了对方的后路,使其不得不放弃自己的错误观点,同时又保留了颜面。

总之,批评是一门高深的艺术,高明的批评于人于己都会大有裨益。所以我们在批评他人之时,一定要尽量做到"批"他还要把他"批"舒服了。

将"人情话"说出人情味

一句饱含人情味的人情话能让听者笑逐颜开,但做到这一点也决非易事。它需要我们把握两个要点:(1)说之前要观察准确,确保做到投其所好。(2)让精心准备的人情话以"不经意"的方式"随口"说出来,这让对方不会产生被刻意讨好的感觉。

美国著名的柯达公司创始人伊斯曼,捐出巨款在罗彻斯特建造一座音乐堂、一座纪念馆和一座戏院。为承接这批建筑物内的座椅,许多制造商展开了激烈的竞争。

但是,找伊斯曼谈生意的商人无不乘兴而来,败兴而归。

正是在这样的情况下,"优美座位"公司的经理亚当森,前来会见伊斯曼,希望能够得到这笔价值9万美元的生意。

伊斯曼的秘书在引见亚当森前,就对亚当森说:"我知道您急于想得到这批订货,但我现在可以告诉您,如果您占用了伊斯曼先生5分钟以上的时间,您就完了。他是一个很严厉的大忙人,所以您进去后要快

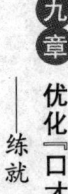

快地讲。"

亚当森微笑着点头称是。

亚当森被引进伊斯曼的办公室后,看见伊斯曼正埋头于桌上的一堆文件,于是静静地站在那里仔细地打量起这间办公室来。

过一会儿,伊斯曼抬起头来,发现了亚当森,便问道:"先生有何见教?"

秘书为亚当森作了简单的介绍后,便退了出去。这时,亚当森没有谈生意,而是说:"伊斯曼先生,在我们等您的时候,我仔细地观察了您这间办公室。我本人长期从事室内的木工装修,但从来没见过装修得这么精致的办公室。"

伊斯曼回答说:"哎呀!您提醒了我差不多忘记了的事情。这间办公室是我亲自设计的,当初刚建好的时候,我喜欢极了。但是后来一忙,一连几个星期我都没有机会仔细欣赏一下这个房间。"

亚当森走到墙边,用手在木板上一擦,说:

"我想这是英国橡木,是不是?意大利的橡木质地不是这样的。"

"是的,"伊斯曼高兴地站起身来回答说,"那是从英国进口的橡木,是我的一位专门研究室内橡木的朋友专程去英国为我订的货。"

伊斯曼心情极好,便带着亚当森仔细地参观起办公室来了。

他把办公室内所有的装饰一件件向亚当森作了介绍,从木质谈到比例,又从比例谈到颜色,从手艺谈到价格,然后又详细介绍了他设计的经过。

此时,亚当森微笑着聆听,饶有兴致。

亚当森看到伊斯曼谈兴正浓,便好奇地询问起他的经历。伊斯曼便向他讲述了自己苦难的青少年时代的生活,母子俩如何在贫困中挣扎的情景,自己发明柯达相机的经过,以及自己打算为社会所做的巨额捐赠……

亚当森由衷地赞扬他的功德心。

本来秘书已警告过亚当森，谈话不要超过5分钟。结果，亚当森和伊斯曼谈了一个小时又一个小时，一直谈到中午。

最后伊斯曼对亚当森说：

"上次我在日本买了几把椅子，打算由我自己把它们重新油漆好。您有兴趣看看我的油漆表演吗？好了，到我家里和我一起吃午饭，再看看我的手艺。"

午饭以后，伊斯曼便动手把椅子一一漆好，并深感自豪。

直到亚当森告别的时候，两人都未谈及生意。

最后，亚当森不但得到了大批的订单，而且与伊斯曼结下了终生的友谊。

为什么伊斯曼把这笔大生意给了亚当森，而没给别人？如果亚当森一进办公室就谈生意，十有八九是要被赶出来的。亚当森成功的诀窍，就在于他了解谈判对象。他从伊斯曼的办公室入手，以几句人情话巧妙地赞扬了伊斯曼的成就，使伊斯曼的自尊心得到了极大的满足，把他视为知己。这笔生意当然非亚当森莫属了。

别拿"场面话"不当回事

俗话说得好："到什么山唱什么歌，卖什么就吆喝什么。"在不同场合中，人们对他人的话语有不同的感受、理解，并表现出不同的心理承受能力。例如，在小场合和大场合，家庭场合与公众场合，人们对于批评性说法的承受能力有明显的差异。正因为受特定人际关系和场合心理的制约，有些话只能在某些特定场合说，换一个场合则行不通。所以在人际交往之中，若想博得一个好人缘，我们就必须明确自己该说什么、该怎么说，一定要顾及场合、环境；反之，不但会破坏交际效果，甚至有可能会因此而吃亏。

我们一踏入社会，应酬随之便多了起来，例如去做客、赴宴、参加会议及其他聚会等等。这种情况下，无论你对应酬满意与否，"场面话"一定要讲。

那么，什么是"场面话"呢？简而言之，就是在某个场面才讲的、让主人高兴的话。这种话不一定代表你内心的真实想法，也不一定合乎事实，但讲出来之后，就算主人明知你"言不由衷"，也会为此感到高兴。说起来，讲"场面话"实在无聊之至，因为这几乎与"虚伪"画上等号，但现实社会就是这样，不讲好像就不通人情世故了。

"场面话"是人际交往中不可或缺的一项策略，是一种应酬的技巧和生存的智慧，人活于世，必须要与人交往，相互帮助、相互借力，以求达到双赢的局面。为此，我们必须做到以下两点：

1. 学会几种场面话

当面称赞他人的话——如称赞他人的孩子聪明可爱、称赞他人的衣服大方漂亮、称赞他人教子有方等等。这些场面话中有的是实情，有的则与事实存在相当的差距。但这种话说起来只要不太离谱，听的人十有八九都感到高兴，而且旁人越多他越高兴。

当面答应他人的话——如"我会全力帮忙的"、"有什么问题再来找我"等。这种话有时是不说不行的，因为对方运用人情压力，当面拒绝，场面会很难堪，而且当场会得罪人；若对方缠着不肯走，那更是麻烦，所以用场面话先打发一下，能帮忙就帮忙，帮不上忙再找理由，总之，有缓兵之计的作用。

2. 掌握说场面话的方法

去别人家做客，要谢谢主人的邀请，并盛赞菜肴的精美与丰盛可口，并看实际情况称赞主人的室内布置、小孩的乖巧聪明……

赴宴时，要称赞主人选择的餐厅和菜色，当然感谢主人的邀请这一点决不能免。

参加酒会，要称赞酒会的成功，以及你如何有"宾至如归"的感受。

参加会议，如有机会发言，要称赞会议准备得周详……

参加婚礼，除了菜色之外，一定要记得称赞新郎新娘的"郎才女貌"……

说"场面话"的"场面"当然不止以上几种，不过一般大概离不了这些场面。至于"场面话"的说法，也没有一定的标准，要看当时的情况决定。不过切忌讲得太多，点到为止最好，太多了就显得虚伪了。

总而言之，"场面话"就是感谢加称赞，如果你能学会讲"场面话"，对你的人际关系必有很大的帮助，你也会成为受欢迎的人。

所以，我们切不可不拿场面话当回事。心直口快者应注意，人际交往中必须有意识地摆脱口语表达上的错误，养成顾及场合、随境而言的良好习惯。在交际活动中，选择最恰当的方式说话，使自己的谈吐既符合场合要求，又能迎合谈话对象的接受心理，最大限度地实现与交际对象进行沟通。

请将不如激将

以前，有一个人特别喜欢吃柿子，但熟透的、最甜的柿子一般都长于柿子树的顶端。为了能一饱口福，该人不顾生命危险爬上树尖。不想，一根树枝突然折断，他一时没有防备便随之掉了下来。所幸，在坠落的过程中，他及时抓住一根树枝，得以保全性命。命虽保住了，但却被吊在了树上，想上去，臂力不够，双脚又无处着力；想下去，离地面还有一段距离，不受重伤才怪。

附近村民闻讯赶来，他们找来梯子，但因树木过高，根本无济于事。这时，一位老人来到树下，只见他捡起一块石子，用力朝树上的人丢了过去。人们对老人的做法十分不解，树上的人更是十分恼怒，他大叫道："你干什么？你想把我打下去吗？"老人没有回答，再次捡起石子丢了过去，这次他加了几分力气。树上的人怒不可遏："你疯了？这样会摔死我的，等我下去一定让你知道厉害！"老人依旧不语，捡起第三块石头，用足力气丢了上去。树上的人被打以后，实在忍无可忍，感觉不下来出口恶气，实在是枉为男人。于是，他调动每一处神经，缩紧身上每一块肌肉，终于以"引体向上"的姿势够到了一根更粗的树枝，并顺利爬了上去。待他爬下树来，气急败坏地找老人算账时，老人早已不见了踪影。这时他突然领悟到，原来唯一帮了自己的正是那位老者。正是老人那几块石子打出了自己的脾气，同时也打出了自己内在的潜力，激发出了他爬上去的勇气。

所谓"树怕剥皮,人怕激气",激将是说服他人时常用的一种技巧。这是指说服者巧妙利用对方的自尊心及逆反心理,以"刺激"唤醒被说服者的不服输心理,令他去做一些平时不会做的事情,借以达到自己的预期目的。

激将法位列三十六计第七位,在现实生活中一直被广为应用。例如,教练常用激将法激励队员奋进,或是激怒对手使其陷入犯规战术;父母常用激将法引导孩子,使其朝着正确的方向发展;老板常用激将法激起员工的斗志或"诱导"下属进入自己的"圈套"等等。

艾尔·史密斯在担任纽约州州长时,辖区内的"星星监狱"成了一大挠头问题。这座监狱非常难以管理,经常发生斗殴、骚乱之事。星星监狱的前几任监狱长不是主动提出辞职,就是因"渎职"丢了饭碗。史密斯想寻求一位有能力的助手,帮助自己改善监狱的现状,但是,这很难办,因为没有人愿意去啃这块难啃的骨头。

经过一番了解,史密斯最后盯上了一个叫作刘易斯的"干将"。这名干将性格刚强、意志坚定,而且人高马大颇有气势,或许只有他才能将那些犯人管得服服帖帖。

史密斯叫来刘易斯,开门见山地说道:"我打算让你去做星星监狱的监狱长,你看如何?"星星监狱臭名昭著。刘易斯知道,这座监狱的监狱长有的刚干不到一个月就被迫辞职,有的因事被免职,更有甚者甚至就死在任上。这显然不是一个好差事。对此,刘易斯感到有些踌躇,他不知该如何回答州长才好。

史密斯看出了刘易斯的犹豫,于是微笑着说道:"看得出来,你是有些害怕了对不对?这很正常,我不责怪你,谁都知道那是一个出了名的难管的监狱。想做这座监狱的监狱长,没有一定的胆量,没有强韧的意志是绝对不行的,那里需要一个男子汉。"

第九章 优化『口才』——练就一张莲花口

这时，刘易斯心想：如果再推脱，岂不是承认自己胆小怕事，承认自己不是男子汉？这可关系到一个人的名誉问题。于是刘易斯决定接受州长的委派，前往星星监狱就职。后来，刘易斯果然不负史密斯所望，成为星星监狱狱史上最有声望、最有名气的监狱长，根据其故事改编的电影剧本就有数十个之多。

在这里，史密斯州长便动用智谋，实施了激将之法，从而成功说服刘易斯接受自己的要求，并取得了很好的效果。

常言说"请将不如激将"。人毕竟是受感情支配的动物，所以我们在与人交往的过程中，不妨设法借助感情的力量，调动对方的积极性，让对方心甘情愿地为自己"服务"。

不过在使用激将法时，我们必须要掌握好对象、环境以及条件，不可一味滥用。要掌握好"激"的分寸，不可操之过急，亦不可行之过缓。过急，容易被人猜透，不会就范；过缓，不足以激起对方的求胜心，无法达到预期的目的。

第十章 优化"人脉"——得人心者得天下

要生存就该学会生存所需的本领。但附加的资本也必须具备。与人的相处,实际上就是一种投资,只有肯"投入",才能有"收益"。一个人若想成功,就必须在人际关系上下力气,争取成为情感投资的最大赢家。

做情感投资的赢家

一个人可以有好几种投资,对于事业的投资,是买股票;对于人缘的投资,是买忠心。买股票所得的资产有限,买忠心所得的资产无限;买股票有时会吃倒账,买忠心始终能让自己一呼百应、遇难呈祥;股票是有形资产,忠心则是无形的资产。

很多人都有一本或数本银行存折,如果你年初存5000元,到了年底你会发现,存折上不止5000元,还有利息!人际关系也是如此。

真正聪明的人,是在自己能力范围之内尽量"给予"的人。而受到此种看似不求回报好意的人的恩惠,只要稍微有心,对方决不会毫无回礼的,也会在力所能及的情形下与你合作。通过这种交流,彼此关系会越来越亲密,终至成为对你很有用的人。

其实,吃亏与占便宜,正如祸福相倚一般,有时"失"就是"得","得"就是"失"。今天你在朋友面前"吃亏",或许在不久的将来就会得到厚报。这些"报酬"有可能是朋友的"还礼",有可能是朋友的信任与尊重,也有可能是其他不明因素。相反,如果你在与人交往的过程中,一心想着占便宜,到最后吃大亏的一定会是你,轻则会朋友尽散、求助无门,重则甚至有可能身败名裂、遗臭万年。

在日常生活中遇到意想不到的好意,往往会带给人意外之喜。这种情形下,心中常常只有"感动"二字。所以,为了要让对方脑海中为自己留下深刻的印象,我们不妨偶尔给朋友一些惊喜。

例如,无事时去看一位相识的朋友,或许只是顺道拜访,却也足以让人开心。因为对方会觉得你是真心关心他，否则不会想起来拜访他，此时他会对你心存感激。

人是高级情感动物，注定要在群体中生活，而组成群体的人又处在不同的阶层。适当地进行感情投资，有利于拉近人与人之间的距离，树立良好的个人形象。

懂得存情的聪明人，平时就很讲究感情投资、讲究人缘，其社会形象是常人不可比的，遇到困难很容易得到别人的支持和帮助。因此，这样的聪明者其交友能力都较一般人占有明显的优势。

赢得好人缘要有长远眼光，要在别人遇到困难时主动援助，在别人有事时不计回报，"该出手时就出手"，日积月累，留下来的都是人缘。冷庙烧香，有备无患，这是赢得好人缘的重要原则。

平时不烧香，临时抱佛脚，菩萨虽灵，也不会来帮助你的。因为你平时目中没有菩萨，有事才去找，菩萨哪肯心甘情愿地做你的利用工具！所以你应该在平时烧香时表现出你的真诚，不但目中有菩萨，心中也有菩萨。你的烧香，完全出于敬意，而决不是买卖，一旦有事，你去求他，他对你有情，自肯帮忙。

你的素识之中，有没有怀才不遇的人？如果有，这个朋友便是个有灵的菩萨，应该像看待热庙一样看待他，时常去烧烧香，逢到佳节，送些礼物。他是穷菩萨，你送的礼物，务求实惠。虽然他一时不能还礼，一旦他日后否极泰来，他第一要还的人情账当然是你的。他有还账的能力时，你虽然不去请，他也会自动还你。

即使他仍在坎坷中，请求他帮你，他也一定会尽力去完成，而且不惜乞援于人，以达到你的目的，而实现还人情账的心愿。所以冷庙烧香，是有利而稳健的人情投资。

聪明者的人情投资不会太讲近利。讲近利，就有如人情的买卖，就是一种变相的贿赂。对于这种情形，凡是讲骨气的人，就会觉得不高

第十章 优化"人脉"——得人心者得天下

兴，即使勉强收受，心中也总不以为然。即使他想回报你，也不过是半斤八两，不会让你占多少便宜。而你想多占一些人情上的便宜，必须在平时往冷庙烧香。平时不屑到冷庙烧香，有事才想临时抱佛脚，冷庙的菩萨虽穷，也决不稀罕你上这一炷买卖式的香。一般人以为冷庙的菩萨一定不灵，所以成为冷庙。殊不知穷困潦倒的英雄常有，只要风云际会，就能一飞冲天、一鸣惊人。

法国有一本名叫《小政治家必备》的书。书中教导那些有心在仕途上有所作为的人，必须起码搜集20个将来最有可能做总理的人的资料，并把它们背得烂熟，然后有规律地按时去拜访这些人，和他们保持较好的关系。这样，当这些人之中的任何一个当起总理来，自然就容易记起你，到那时就大有可能请你担任一个部长的职位了。

这种手法虽然看起来有点小人之见，却是非常合乎现实的，要和别人有交情，别人才能有理由拉你、推荐你。不然的话，任你有登天的本事，别人也不会想起你。

现代人生活忙忙碌碌，没有时间进行过多的应酬，日子一长，许多原本牢靠的关系就会变得松懈，朋友之间逐渐互相淡漠。这是很可惜的。希望有大发展的人，一定要珍惜人与人之间宝贵的缘分，即使再忙，也别忘了沟通感情。

"敢问情为何物，直叫人生死相许"，普通人都难逃脱一个"情"字。尽管当今社会流行一句话，"认钱不认人"，但是"人情生意"从未间断过。人既然能够为情而死，那么为情而做生意又有什么不可？想想也是人之常情。

很多人都有这样的毛病：一旦关系好了，就不再觉得自己有必要去保护它了，特别是在一些细节问题上，例如该通报的信息不通报、该解释的情况不解释，总认为"反正我们关系好，解释不解释无所谓"，结果日积月累，形成难以化解的问题。

而更糟糕的是，人们关系亲密之后，总是对另一方要求越来越高，总以为别人对自己好是应该的；稍有不周或照顾不到，就有怨言；长此以往，很容易形成恶性循环，最后损害双方的关系。

要生存就该学会生存所需的本领。但附加的资本也必须具备。与人的相处，实际上就是一种投资，只有肯"投入"，才能有"收益"。一个人若想成功，就必须在人际关系上下力气，争取成为情感投资的最大赢家。

打着灯笼的盲人

尽管很多人不愿意承认，但很多时候人与人之间都是互相利用的关系。这并没有什么可耻的，人性中总有自私的一面，在为自己着想的同时，不损害他人的利益，甚至给他人带来好处，这未尝不是一件好事。

在一个伸手不见五指的夜晚，一个僧人行走在漆黑的道路上，因为夜太黑，僧人被路人撞了好几次。

为了赶路，他继续走着，突然看见有个人提着灯笼向他这边走过来。这时候旁边有人说："这个瞎子真是奇怪，明明什么都看不见，每天晚上还打着灯笼。"

路人的话让僧人很是纳闷，盲人挑灯岂不多此一举？等那个提着灯笼的人走过来的时候，他便上前询问道："请问施主，老僧听说你什么都看不见，这是真的吗？"

那个人回答说："是的，我从一生下来就看不到任何东西。对我来说白天和黑夜是一样的，我甚至不知道灯光是什么样子！"

僧人十分迷惑地问："既然你什么都看不到，你为什么还要提着灯笼呢？难道是为了迷惑别人，不让别人知道你是盲人吗？"

盲人不慌不忙地说："不是这样的，我听别人说，每到晚上，人们都变成跟我一样了，什么都看不见；因为夜晚没有灯光，所以我就在晚上打着灯笼出来。"

僧人无限地感叹道："你真是会为他人着想呀，你的心地真是善良！原来你完全是为了别人！"

盲人急着回答："不是，其实我是为了我自己！"

僧人一怔，非常惊讶，便不解地问道："为自己？怎么这么说呢？"

盲人答道："你刚才过来的时候，有没有人碰撞过你呀？"

僧人回答："有呀，就在刚才，我被好几个人不小心撞到了。"

盲人莞尔一笑，说："我是盲人，什么也看不见，但是我从来没有被别人碰撞过。知道为什么吗？因为我提着灯笼，灯笼照亮了我自己，这样他们就不会因为看不到我而撞到我了。"

盲人的想法很简单：点着灯笼照亮自己，免得被撞倒，甚至撞伤。这种想法听起来有点自私，但从另一个角度来看，盲人的"自私"不仅保护了自己，而且还帮助了别人。借着灯笼的光亮，路人走路时也方便了很多。这种互相"利用"得到的结果是互惠的。

安东尼·罗宾谈起华人首富李嘉诚时说："他有很多的哲学我非常喜欢。有一次，有人问李泽楷，他父亲教了他一些怎样成功赚钱的秘诀。李泽楷说赚钱的方法他父亲什么也没有教，只教了他做人处世的道理。李嘉诚这样跟李泽楷说，假如他和别人合作，假如他拿7分合理，8分也可以，那李家拿6分就可以了。"

也就是说：他让别人多赚两分。所以每个人都知道，跟李嘉诚合作会赚到便宜，因此更多的人愿意和他合作。你想想看，虽然他只拿 6 分，但现在多了 100 个人与他合作，他现在多拿多少分？假如拿 8 分的话，100 个会变成 5 个，结果是亏是赚可想而知。

李嘉诚是个精明的生意人，而做生意都是以赢利为目的的，赔钱的买卖没人愿做。与别人合作时，自己总是少拿两分，不是李嘉诚没有私心，而是他的生意手段太高明了！其他生意人因为和李嘉诚合作，每笔生意多赚了两分，但李嘉诚却因为少拿这两分而多赚了几百分。这种互相"利用"给双方都带来了好处。如果世界上能多一些这样的"利用"关系，那每个人都应该举双手赞成。

人类最大的财富正是资源的分享，在现实社会中，只要不是损人利己，在物竞天择的自然规律下，互相"利用"也可以是一种合理的行为，那是人际间互动形态的多元与多样的表现。世间的事情往往就是这样，利用别人可能是一个负面词汇，但如果你能把互相利用变成互利互惠，那么这个词汇也就有了正面的意义。

挠对方的"痒痒肉"

我们在与人相处时，别人有什么需要，如果我们尽量去满足，那么他会很乐于接纳我们，当然也包括满足我们的要求。其实无论是政治家，还是圣贤哲士、凡夫俗子，每个人都有自己的"痒痒肉"，如果你能对其加以利用，一切就会变得更加得心应手、称心如意。

多数人都在为名、利而生存，有些人重名甚过于重利，有些人则重利甚过于重名，还有些人一心追逐名利双收。对此，你必须进行周密而细致地观察，以便掌握对方的"弱点"。

自汉二年（公元前200年）五月开始，楚、汉在荥阳一带展开拉锯战，谁也没有占到多大优势。于是双方约定，以鸿沟为界，中分天下，其西归汉，其东归楚。

汉四年九月，项羽解围东撤，刘邦也要引兵西归。张良充分认识到此时的项羽因刚愎自用，到了众叛亲离、濒临灭亡的地步。于是，张良、陈平二人同谏刘邦，希望他趁机灭楚，免得养虎遗患。刘邦从谏，亲统大军追击项羽，另遣人约韩信、彭越合围楚军。

汉五年十月，汉军追至固陵，却不见韩信、彭越二人前来驰援。项羽回击汉军，刘邦复败北。刘邦躲在山洞中不胜焦躁，询问张良道："诸侯不来践约，那将怎么办？"张良是一位工于心计的谋略家，他时刻关注着几个影响时局的重要角色的一举一动，试图探究他们心灵深处的隐秘，并筹划着应对之策。

当时，虽然韩信名义上是淮阴侯，彭越是建成侯，实际却只是空头衔，没有一点实权。因此，张良回答刘邦道："楚兵即将败亡，韩信、彭越虽然受封为王，却没有确定疆界，二人不来赴援，原因就在于此。您若能与之共分天下，当可立招二将。若不能，成败之事尚无法预料。我请您将陈地到东海的土地尽划归给韩信，淮阳以北到谷城的土地尽划归给彭越，让他们各自为战，楚军将会很容易被攻破。"刘邦一心要解燃眉之急，听从了张良的劝谏，不久，韩信、彭越果然率兵来援。十二月，各路兵马会集垓下，韩信设下十面埋伏大阵，与楚决战。项羽兵败，逃至乌江自刎。长达4年之久的楚汉战争，以刘邦的胜利而告终。

在处理韩信、彭越索要实惠这件事情上，张良做得十分周到，也充分利用了人性的弱点——好名、好利。划归一些封地给他们，就满足了他们的心愿，使他们各自为战，尽力而战。

人没有不自私的，与其让他为你办事，不如让他为自己办事。后者比前者的成功率要高得多。

周文王在渭水北岸见到了正在直钩钓鱼的姜太公，太公说，用人办事的道理和钓鱼有点相似之处：一是禄等以权，即用厚禄聘人与用诱饵钓鱼一样；二是死等以权，即用重赏收买死士与用香饵钓鱼一样；三是官等以权，即用不同的官职封赏不同的人才，就像用不同的钓饵钓取不同的鱼一样。姜太公接着说："钓丝细微、饵食可见时，小鱼就会来吃；钓丝适中、饵食味香时，中鱼就会来吃；钓丝粗长、饵食丰富时，大鱼就会来吃。鱼贪吃饵食，就会被钓丝牵住；人食君禄，就会服从君主。所以，用饵钓鱼时，鱼就被捕杀；用爵禄收罗人时，人就会尽力办事。"

我们在与人相处时，应掌握世人的普遍心理，抓住对方的心理弱点，集中攻之，这样多会事半而功倍。

笑是最美丽的音符

初见陌生的交际对象，尤其是刚刚来到某一公司上班，面对陌生的同事，我们总有些胆怯，看到对方似乎冷淡、高傲的神情便止步不前，不敢唐突。其实，这不是一个聪明人所应持有的心理。须知"日疏愈疏，日亲愈亲"，这种情况下我们应该热情一点，这不是什么丢面子的事情。

融入新环境的最有效方法就是主动出击，热情袭人。你应该相信，自己的热情能够融化任何冰山雪岭，对方不是石头，必然会被你的热情与真挚所感染。即便是那些不苟言笑、一脸冷漠的人，在你的热情攻势下，也会逐渐消融，觉得与你"似曾相识"，进而缩短彼此间的距离。

笑是最美丽的音符，在面对陌生环境时学会微笑，你就能在自己与陌生人之间架起一座友谊之桥，就能掌握开启陌生人心扉的金钥匙。

一个微笑会传递给别人许多信息。它不仅表明了"我喜欢你，我是作为朋友来的"，而且也预示着"我想你也一定会喜欢我"。当一只小狗摇着尾巴走到你面前时，它似乎在对你说："我相信你是一个好朋友，你喜欢我。"

微笑传达的另一条重要信息是："你值得高兴。"波拿劳·欧维尔斯利特在她的著作《理解我们自己和别人的恐惧》中指出："我们对其微笑的人，也反过来朝我们微笑。在一种意义上，他是朝我们微笑；在更深的意义上，他的笑还可能蕴涵着如下的意思：我们使他能够感受突然而至的快乐。我们的微笑使他感到他值得报以微笑，于是他也笑了。可以说我们从人群中把他分离出来了。我们对他区别对待，同时给了他一个单独的地位。"

我们之中的很多人无法做到经常微笑，其原因很简单：我们已经把严肃当成了一种习惯。我们总是压抑自己的真实感情，我们所受的教育使我们觉得，让自己的感情泄露无遗是极不光彩的事。我们试图使我们不要感情冲动或者把它流露在脸上。也许你觉得自己做不出一个"真正的微笑"，而且怎么也学不会那种富于吸引力的微笑。

那么试想一下，在现实生活中，假如一个人对你满面冰霜、横眉冷对，另一个人对你面带笑容、温暖如春。他们同时向你请教一个问题，你更欢迎哪一个呢？不言而喻，当然是后者。

杰克是美国一家小有名气的公司总裁，他还十分年轻。他几乎具备了成功男人应该具备的所有优点。他有明确的人生目标，有不断克服困难、超越自己和别人的毅力与信心。与他深交的人都为拥有这样一个好朋友而自豪。

但初次见到他的人却对他少有好感。这让熟知他的人大为不解。为什么呢？仔细观察后人们才发现，原来他几乎没有笑容。

他深沉严峻的脸上永远是炯炯的目光、紧闭的嘴唇和紧咬的牙关，即便在轻松的交际场合也是如此。他在舞池中优美的舞姿几乎令所有的女士动心，但却很少有人同他跳舞。公司的女员工见到他更是敬而远之，男员工对他的支持与认同也不是很多。而事实上他只是缺少了一样东西，一样足以致命的东西——一副动人的、微笑的面孔。

微笑可以将人神化，让人在微笑的魔力中得到升华，一如蒙娜丽莎的微笑，总是给人一种高深莫测、神秘诱人的感觉；微笑是一种接纳，它能缩短人与人之间的距离，让人们友好地接受彼此，共同去创造美好的未来；微笑是美丽留下的一粒种子，谁播种微笑，谁就能收获美丽；微笑是一种德馨，它不仅能够彰显美，更能收获美；微笑是成功者的先锋，用微笑打开交际之门，你就会有贵客临门。请学会微笑，因为微笑是这世间最美丽的音符。

济人于危困之际

两个贫苦的好朋友同一时间死去了，上帝让甲进入天堂，而让乙去了地狱。乙不服气，喊道："为什么这样不公平？"上帝回答他："你也许还记得，有一天你们一起赶路，遇到了一个死去的人，甲把他埋了起来，你却没有动手！"

　　人们都乐于锦上添花，却很少有人愿意做雪中送炭的事。锦上添花是在攀附贵人，日后必定好处多多；而雪中送炭是帮助弱势的人，可帮助他们有什么用处呢？这种想法实在是大错特错，因为那些看起来不起眼的人说不定什么时候就会帮上你大忙！

　　一对待人极好的夫妇不幸下岗了，不过在朋友、亲属以及街坊邻居们的帮助下，他们在小城繁荣的一条商业街边开起了一家火锅店。

　　刚开张的火锅店生意冷清，全靠朋友和街坊照顾才得以维持。但不出3个月，夫妇俩便以待人热忱、收费公道而赢得了大批的"回头客"，火锅店的生意也一天一天地好起来。

　　几乎每到吃饭的时间，小城里行乞的七八个大小乞丐，都会成群结队地到他们的火锅店来行乞。

　　夫妇俩总是以宽容平和的态度对待这些乞丐，从不呵斥辱骂。其他店主，则对这些乞丐连撵带轰，一副讨厌至极的表情。而这夫妇俩则每次都会笑呵呵地给这些肮脏邋遢、令人厌恶的乞丐盛满热饭热菜。最让人感动的是，夫妇俩施舍给乞丐们的饭菜，都是从厨房里盛来的新鲜饭菜，并不是那些顾客用过的残汤剩饭。他们给乞丐盛饭时，表情和神态十分自然，丝毫没有做作之态，就像他们所做的这一切原本就是分内的事情一样，正如佛家禅语所说的，这是一对"善心如水的夫妻"。

　　日子就这样一天一天地过着。一天深夜，附近的一家服装店里突然燃起了大火，火势很快便向火锅店窜来。

　　这一天，恰巧丈夫去外地进货，店里只留下女主人照看。一无力气二无帮手的女店主，眼看辛苦张罗起来的火锅店就要被熊熊大火所吞没，着急万分之时，只见那班平常天天上门乞讨的乞丐，不知从哪里钻了出来，在老乞丐的率领下，冒着生命危险将那一个个笨重的液化气罐马不停蹄地搬运到了安全地段。紧接着，他们又冲进马上要被大火包围的店内，将那些易燃物品也全都搬了出来。消防车很快开来了，火锅店由于抢救及时，虽然也遭受了一点小小的损失，但最终给保住了。而周围的那些店铺，却因为得不到及时的救助，货物早已被烧得精光。

在平常人看来，帮助一群乞丐有什么用呢？没钱、没权，而且很难有翻身的时候，但这对夫妇却没有这样想。他们不求回报地热心帮助这群乞丐，结果当遇到火灾时，乞丐们也不顾一切地帮助他们。夫妻二人对乞丐们无私的帮助最终得到了对方最真诚的回报。

人们总是瞧不起落魄之人，不愿意济人于危困，殊不知有时我们只要略尽绵薄之力，在对方苦难之时伸出援手，就可以获得丰厚的回报。

一个刮着北风的寒冷夜晚，路边一间旅馆迎来了一对上了年纪的客人，他们的衣着简朴而单薄。看来他们非常需要一个温暖的房间和一杯热水，但不幸的是这间小旅店早就客满了！领班罗比看了他们一眼，冷冷地说："这里没有多余的房间了，快走吧！"

"这已是我们寻找的第16家旅社了。这鬼天气，到处客满，我们怎么办呢？"这对老夫妻望着店外阴冷的夜晚发愁。

店里的一个小伙计不忍心让这对老年客人受冻，便建议说："如果你们不嫌弃的话，今晚就睡在我的床铺上吧，打烊时我在店堂打个地铺就可以了。"

老年夫妻非常感激，第二天要付客房费，小伙计坚决拒绝了。临走时，老年夫妻开玩笑似的说："你经营旅店的才能真够得上当一家五星级酒店的总经理。"

"那敢情好！起码收入多些可以养活我的老母亲。"小伙计随口应和道，哈哈一笑。

没想到两年后的一天，小伙计收到一封寄自纽约的来信，信中夹有

第十章 优化"人脉"——得人心者得天下

| 215 |

一张往返纽约的双程机票，信中邀请他去拜访当年那对睡他床铺的老夫妻。

小伙计来到繁华的大都市纽约，老年夫妻把小伙计引到第五大街与三十四街交汇处，指着那儿一幢摩天大楼说："这是一个专门为你兴建的五星级宾馆，现在我们正式邀请你来当总经理。"

年轻的小伙计因为一次举手之劳的助人行为，美梦成真，摇身一变成为五星级饭店的总经理。或许在人们看来这有些不可思议，但这就是事实，因为它就是著名的奥斯多利亚大饭店经理乔治·波非特和他的恩人威廉先生之间的真实故事。

还记得韩信和漂母的故事吗？韩信落魄之时，人人都嘲笑他，只有漂母把自己的饭分给他吃。后来，人们眼中的"无用小子"变成了大将军，他以千金回报了漂母的一饭之恩。很多人都热衷于结交富有的人，而鄙视穷困的人，这种做法真的很不可取。

无论如何，帮助别人总是一件不错的事，帮助别人有时就是在帮助你自己。而且，如果你能摒弃势利的想法，就会发现，济人于危困要比锦上添花更能让你感到快乐，更能让你充满自豪感。

同事——是对手但不是敌人

坐在一起的同事常常侃大山，云山雾罩，欢声笑语，气氛可说十分融洽。可谁知，在这种氛围背后，却会阴霾密布。因为是同事，因为是站在同一条起跑线上的同资同辈，他们之间就存在竞争。存在竞争就容易让人抛掉正常的心态，于是笑里藏刀、绵里藏针、排挤迫害等等招术便纷纷登场，因为"同行是冤家，同事是对手"。

同事间的竞争应该是明刀明枪，因为竞争过后还得继续合作，更不宜与同事争名夺利，当事业有成时，要与同事谦让一些。为了一些蝇头小利争来夺去，把属于同事的东西夺来归于自己名下，就不会有人愿意与你合作、相处，你以后的发展也好不到哪里去了。

一头狮子与一只狼同时发现一只羚羊，它们决定共同合作，捕捉猎物。因为配合得当，没费多大力气，狮子便咬死了羚羊。此时它不愿意再与狼分享食物，狼岂肯罢休？于是它们便大战起来。最后，狮子咬死了狼，而自己也身受重伤，无法再享用美食。

同行不幸成为"冤家"，同事成为"对手"，就是因为同行、同事之间存在着竞争。现实生活中，往往会出现这样的情形：同事之间还不甚了解，尤其是刚到一个单位的同事之间，他们对单位、工作都感到陌生。这时，同样的安全需要、同样的地位、相同的境况使他们可以成为好朋友。但过了若干年后，情况发生了变化，人与人之间的差别出现了，他们不再推心置腹、无话不谈，进而慢慢出现了隔阂，开始在意领导对每个人的评价，以及别人和自己的升迁、前途了。为什么会这样呢？究根寻底，只有两个字在作怪：竞争。

说到这里，我们不禁要问：难道竞争就非得让友情走开？

基于此，要处理好与同事的关系，就必须正确认识竞争、正确对待竞争。

在现代社会中，竞争的存在是不可避免的。每个单位都有晋升、提薪的机会，而在众多同资同级的人中，晋升谁、提谁的薪，或者说谁能提级、提薪，就全靠个人表现，这便出现了竞争。每个人都有争强好胜之心，竞争本身又有利于促进每个人的成长，有利于个人抱负的实现。

对一个集体而言，竞争则有利于提高效率。

但是，竞争存在，不是不择手段的理由。竞争应该是正当的，同事之间的竞争，更不应该把对手理解为"敌人"。竞争对手强于自己时，要有正确的心态。著名数学家华罗庚说过："下棋找高手，弄斧到班门。这是我一生的主张。只有在能者面前不怕暴露自己的弱点，才能不断进步。"因此，同事之间的竞争要以共同提高、互勉共进为目的，以积极的竞争心态投入到竞争当中去。

竞争总是要分胜负的，就看你能否正确地对待胜与负这两种结果了。有人在竞争中不择手段，就是无法正视结果，不能认清这样一个道理：竞争中每个人都是平等的，有成功者，就有失败者。胜要胜得光明磊落，输要输个坦坦然然。同事之间的竞争，胜负只说明过去，他胜了，你向他祝贺，你要从中找出自己身上存在的缺陷和不足，以利于你以后的发展。同事之间的竞争，竞争中是对手，工作中是同事，生活中是朋友。竞争后，胜者不必得意忘形，输者不必垂头丧气。

要能做到这一点，就需要把名利看得淡一些。孟子说："养心莫善于寡欲；其为人也寡欲，虽有不存焉者，寡矣；其为人也多欲，虽有存焉者，寡矣。"意思是说，人修身养性最好的办法就是减少欲望。欲望很少的人，就是得到的不多也不觉得少；欲望很多的人，就是已经得到了很多仍然觉得少。

"知足者常乐"，谁不想得到晋升、获得提薪呢？但现实中不可能每个人都能得到，于是就有了竞争。竞争总有失败者，何必那么在意结果而沮丧呢？又何必为了此名此利而不择手段、费尽心机呢？既然没能获得，还可以退而修身长智，下次再争取嘛。法国启蒙思想家卢梭有一句名言："人啊，把你的生活限制于你的能力，你就不会再痛苦了。"说得就非常有道理。

同事之间既有竞争，又有合作，既要搞好团结协作，又要谨慎小心地守住自己的发展领域，在竞争与合作中寻求一种平衡。同事应当是互相尊敬的对手，而不是冤家对头，只有理清了这一点，你才能与同事和平共处，你才能在仕途上昂首阔步。

上司——主宰你事业的那个人

有人的地方就有上下级之分。作为下属，无不希望与上司搞好关系，无不愿意得到上司的赏识和器重，以便成就一番事业。然而，很多人在与领导相处的过程中往往不得要领，以至于同领导的关系很是平淡，甚至因关系不融洽而苦恼。

国外有人曾做过调查，结果显示：在成功的众多因素中，智慧、专业技术、经验等只占15%，而良好的人际关系却占85%。职场中，与上司的关系可以说是重中之重。作为一名下属，即使你才华横溢，如果得不到上司的重视，同样英雄无用武之地。

在工作中，下属要掌握同上司相处的学问，不能单纯地以为只要工作好就一切都好。上司是你职场生涯中最重要的人，他可以使你工作起来十分顺利，也可以使你根本无法开展工作；他可以使工作气氛融洽，也可以使工作变得压抑异常，令人无法忍受。在上司身边是没有后悔药可吃的，一步走错，就有可能从此被打入"冷宫"。

要做职场中的赢家，就必须掌握与上司相处的技巧，你要知道：没有哪个上司会喜欢违抗自己命令的下属；没有哪个上司会重用了解自己过多的员工；上司有上司的尊严，他们不会容忍下属抢自己的风头；他们喜欢对下属的错误进行批评，以显示领导的威风；他们希望下属对自己保持忠诚，能够准确地按自己的意愿行事；同时，上司也是人，也需要真情，有时也需要别人关怀。

下属要想与领导轻松、融洽地相处，就要在领导面前保持一定的修养，所说的每句话都要经过深思，巧妙地吸引领导的注意力，完成领导所交付的任务。下属要做一个聪明的老实人，经过自己的努力成为领导所欣赏的人，赢得领导的信任，并力争成为领导所倚重的得力干将。

只有掌握与上司相处的技巧，你才能在职场中应对自如，安全渡过种种惊涛骇浪，最终达到事业成功的彼岸。

志在成功的职场人士不妨尝试按照以下几点去做，相信一定对你有所帮助：

1. 提前上班

别以为没人注意到你的出勤情况，上司可在睁大眼睛看着呢。如果能提前一点来到办公室，就显得你很重视这份工作。

2. 不拒绝分外的工作

工作时时在扩展，不要老是以"这不是我分内的工作"为由来逃避责任。当额外的工作指派到你头上时，不妨将其视之为一种考验。

3. 不拒绝艰巨的工作

不管你接受的工作多么艰巨，一定要想方设法做好，千万别表现出你做不来或不知从何入手的样子。这会让上司质疑你的能力，你又如何得到重用呢？

4. 决不拖拉

上司分派任务以后，立刻动手去做，迅速、准确、及时地完成任务。要知道，反应敏捷是上司最想看到的表现之一。

5. 谨言

没有人喜欢多嘴多舌的下属，更没有一家公司会容忍泄密的员工，所以请一定管好你的那张嘴。

6. 上司指派的工作优先

上司的时间比你宝贵，不管他临时指派什么工作给你，都比你手头上的工作重要。所以记住，上司指派的工作要优先。

7. 荣耀归于领导

做下属的没必要过分计较个人得失，今天你把荣誉让给上司，或许不久的将来上司就会送给你一分荣誉。

8. 保持冷静

面对任何状况都要处之泰然，以冷静的心态迅速占据优势。上司不仅喜欢那些面对危机声色不变的人，更欣赏能妥善解决问题的人。

9. 决断力要够

上司分配给你一项任务，如果你犹犹豫豫，不知如何下手，或是一味征求别人的意见，那么你离被打入"冷宫"的日子就不远了。

己所不欲，勿施于人

《论语·卫灵公》一文中记载：子贡问曰："有一言而可以终身行之者乎？"子曰："其恕乎！己所不欲，勿施于人。"这句话是孔子的经典语句之一，也是儒家文化精华之处，更是自古以来有道德、有修养的人所奉行的格言警句。

自己不想要的东西，切勿强加给别人。孔子所强调的是，人应该宽恕别人，这才是仁义的表现。这句话揭示了处理人际关系的重要原则，如果我们都能够以对待自己的行为作为参照，来对待他人，就一定会得到别人的尊敬。

有一天早上，有人敲哥哥家的门，哥哥打开门，看到一个背着木匠工具箱的男人。木匠说："我正在寻找打短工的机会，也许你有些小事需要别人来做，你看我是否可以替你做这些事呢？"

哥哥说："我确实有份工作可以提供给你。"说着带木匠来到离家不远的小溪边，指着对岸说："你看，那边是我弟弟的家。上个礼拜之前，这里还没有这条小溪，可是他带着推土机回来，这里的草地就变成了小溪。他也许是想用这个来激怒我，因为之前我们曾吵过一架。可是我会让他更难受的。我想让你给我建一个篱笆墙，这样我就永远不用看见他的地盘了，让他明白他也没什么了不起的。"

木匠想了想，说："我明白了，我一定会把这件事做得让你满意的。"

哥哥给木匠把材料准备齐，就离开家去城里办事了，等到日落时分，他从城里回来了，木匠刚刚把活干完。哥哥一看大吃一惊，哪有什么篱笆墙，眼前分明是一座桥！精致结实的木桥把小溪两岸连接起来，这是一件精美的作品，但不是他想要的。哥哥正想斥责木匠，忽然看到弟弟正从对面走过来，弟弟走上桥，一直来到哥哥身边，羞愧得泪流满面，说："哥哥，我对你干了那些事，说了那些话之后，你还能建这样一座桥，想想我实在是太过分了。"哥哥恍然大悟，紧紧握住弟弟的手，感动得不能言语。

木匠微笑着收拾好工具，准备离开。哥哥说："请你留下来吧，是你帮助我们兄弟重归于好的，我很感激你。"

木匠说："不，我想还有别的地方需要我去帮他们建一座桥。"

在生活中，人与人之间常会发生矛盾，即使是血缘至亲也会有磨擦。可是这其中有许多的矛盾是可以避免的，只要我们对别人多一些理解、多一些宽恕，自己不能接受的事情也不要强迫别人去接受，别人不肯做的事也许你自己也同样不愿意做。如果能这么想，那世界上就会多些和谐，少些冲突。

战国时期，梁国和楚国接壤，两国在边境上各设界亭，亭卒们也都在各自的地界里种了西瓜。梁亭的亭卒勤劳，时常锄草浇水，瓜秧长势很好；而楚亭的亭卒懒惰，不理瓜事，瓜秧又瘦又弱，与对面瓜田的长势简直不能相比。楚亭的人觉得丢了面子，有一天乘夜无月色，偷跑过去把梁亭的瓜秧全给扯断了。梁亭的人第二天发现后，气愤难平，报告给边县的县令宋就。宋就说："我们也过去把他们的瓜秧扯断好了！这样做当然是很卑鄙的，可是，我们明明不愿意让他们扯断我们的瓜秧，那么，为什么再反过去扯断人家的瓜秧？别人不对，我们跟着学，那就太狭隘了。你们听我的话，从今天开始，每天晚上去给他们的瓜秧浇水，让他们的瓜秧长得好起来。而且，你们这样做，一定不可以让他们知道。"梁亭的人听了宋就的话后觉得很有道理，于是就照办了。楚亭的人发现自己的瓜秧长势一天好过一天，仔细一观察，发现每天早上地都被人浇过了，而且是梁亭的人在黑夜里悄悄为他们浇过水。楚国的边县县令听到亭卒们的报告后，既感到十分惭愧，又感到十分敬佩，于是把这件事报告了楚王。楚王听说后，感于梁国人修睦边邻的诚心，特备重礼送梁王，既以示自责，亦以示酬谢。结果，这一对敌国成了友好的邻邦。

从这个故事可以看出，以推己及人的方式处理问题，能够创造一种重大局、尚信义、不计前嫌、不报私仇的良好氛围。我们在为人处世中亦应如此，有些人处处小心、左顾右盼，总想找人作为参照，借以规范自己。殊不知，有时如此"谨慎"，反而会令事与愿违。所以，不妨就按照"己所不欲，勿施于人"的原则反求诸己，推己及人，结果则往往会令人皆大欢喜。

忍者有度，有所忍有所不忍

"人善被人欺，马善被人骑"、"吃柿子拣软的捏"，这些充满形象比喻的语言用一句大白话来说，就是"老实人吃亏"。

一些人发火撒气乃至欺负侵害别人时，往往会找那些老实善良者，因为他们心里清楚，这样做并不会招致什么值得忧虑的后果。在我们身边的环境中到处都有这样的受气者，他们看起来软弱可欺，也确实为人所欺。一个人表面上老实软弱、不加设防，事实上助长和纵容了别人侵犯你的欲望。

所以我们要明白给自己"设防"的重要性，给自己挖一道牢靠的"战壕"，做出一副随时可迎敌杀敌的防备架势，相信没有人再会对你轻举妄动。人是应该给自己设立防线的，虽然不必像刺猬那样全副武装，浑身带刺，至少也要让那些凶猛的野兽感到无从下口。

如果你是一个从不发火的君子，那请务必勇敢地进行一次真正的反抗，改变自己一副"软柿子人皆可捏"的形象。许多人之所以选择了忍气吞声的生存方式，往往是由于他们患得患失、怕这怕那，自己在主观上吓倒了。而无数的事实证明，挺身而出，捍卫自己的正当权益其实是再自然不过的事了。跨过这道门槛，你会发现，没有什么大不了的，卸掉了精神包袱，你反而会活得更加自在。

不敢进行第一次反抗，就不会有第二次反抗的发生，因为你永远不知道让恶人望而却步的滋味有多么好。而有了第一次的反抗，尝到了其中的美妙，你自然就有动力去进行更多次的反抗。久而久之，你就会修正你的心理模式和社会交往方式，由一个甘心受气、只能受气的人，变成一个不愿受气的人。

有这样一个故事：

某大学一个班级里，有一位学生比较胆小怕事，遇事过分忍让。因此，虽然班里的绝大多数同学对他并无恶意，但在不知不觉中总是把他当做是一个理所当然的应该牺牲个人利益的人，看电影时他的票被别人拿走，春游时他被分配给看管包儿的任务……但在实际上，他心里非常渴望与别人一样，得到属于自己的那份利益与欢乐。由于他的老实软弱和极度的忍耐，这种事情一直持续了很久。但终于有一天，他忍无可忍了，一向木讷的他来了个总爆发，原来一场十分精彩的演出又没有他的票。他脸色铁青，雷霆万钧，激动的声音使所有人都惊呆了。虽然那场演出的票很少，但是这位同学还是在众目睽睽之下拿走了两张票，摔门而去。大家在惊讶之余似乎也领悟到了什么。但不管怎么说，在后来的日子里，大家对他的态度似乎好多了，再没有人敢未经他的同意便轻易地拿走他的什么东西了。

动物世界里的法则是弱肉强食，其实对于人类来说，何尝不是如此，只不过它在人类社会里不那么赤裸裸罢了。许多老实人认为："人欺天不欺"，自我安慰老天爷终究是不会亏待自己的；还有一些人认为，吃亏就是占便宜，虽然吃小亏，但有可能占到大便宜。这种阿Q式的精神胜利法，会使外人看来你逆来顺受，天生老实可欺。任何事都怕成定式，一旦造成这种结果，你就会像立在田地里的稻草人一样，连小鸟都敢在你头上拉屎。在这种情况下，倘若你还不赶紧为自己构筑一个可以依托的战壕和阵地，那你将永远处于被驱逐和打击的地位。如果你对这种策略不以为然或没有信心，仍然甘心做人见人捏的软柿子，到头来难免会被捏得越来越软，最后被人吃掉。

为自己穿上迷彩服

每个人都渴望有一个知心的朋友，但人性是复杂的，知人知面难知心。当你真心实意地去对待别人时，很可能会遭到对方的欺骗或背叛，所以与人交往时还是保留一份戒心吧！

一只母野鸭和一条大花蛇成了邻居。野鸭非常热心，它想"远亲不如近邻"，搞好邻里关系，有事彼此还可以照顾着点儿，于是它就经常给大花蛇送点儿点心什么的。大花蛇对野鸭也很热情，一口一个"大姐"，嘴甜着呢！一段时间后，野鸭当妈妈了，6只小野鸭在窝里跑来跑去，可爱极了。附近的食物吃得差不多了，野鸭妈妈想去远处给孩子们找食物，但又担心孩子的安全。正在为难时，大花蛇跑了过来，自告奋勇地要照顾小野鸭："大姐，你去找食物吧！我帮你看着孩子！你看它们多可爱呀，我这个当舅舅的一定要照顾好它们！"野鸭妈妈听信了花蛇的话，就放心地飞走了。傍晚，野鸭妈妈满载而归，可是窝里却是空空的。小宝宝哪里去了？野鸭妈妈放下食物，就赶快去找邻居花蛇，一进门就看到花蛇躺在床上，肚子鼓鼓的，嘴边还沾着小野鸭的羽毛呢！野鸭妈妈愤怒地咒骂起来，花蛇却无赖地拍拍肚子说："大姐，别哭了，它们还不是一只没少吗？说真的，你什么时候再生一窝，味道好极了！"

野鸭会失去孩子就是因为它太早撤去了对朋友的戒心，竟然在不了解花蛇本性的情况下，就将自己的孩子托付给它。有的人可能会觉得野鸭傻得可笑，但在生活中，也有不少人会犯类似的错误。

段磊是一个开朗、热情、待人真诚的人。大学刚毕业，他被分配到一个工厂的计算机房工作。在那里他的年龄最小，又为人诚恳，他把每一个人都看做是自己的朋友。有一次，单位将一个软件设计的任务交给了他的带班师傅。他的这位师傅30来岁，看上去挺和善的，段磊对他丝毫没有防备意识，所以有什么话和事都对他说，包括家里的有些事情。那一次设计，他搞了好长时间也没能弄出来，当时段磊看在眼里，就想到自己曾经接触过这类设计，便毫无保留地说出了自己的思路，还让他上自己的家里一块研究、上机。后来设计成功了，大家都很高兴，可是，在宣布"有功者"时，却没有段磊的名字。

老祖宗一再告诫我们"逢人只说三分话，未可全抛一片心"，但社会上却还是有很多像段磊这样不知江湖险恶的年轻人，跟人家还没有接触多久，就把自己的"真心"交了出去。如果侥幸碰上的是诚实可靠的人，你把"老底"抖给了对方，对方可能会因此和你结成好友，但如果你像段磊一样碰上的是一个老于世故的人，你的真心就会被人利用。所以如果和人初次见面，或才见过几次面，就算你们一见如故，也不应该一下子就把你的心掏出来，也就是说：对还不了解的人，无论说话还是办事，都要有所保留。

友谊的发展都是渐进式的，与其一下子掏出心来，还不如慢慢观察对方，有了了解之后再交心。你可以不虚伪，坦坦荡荡，但决不能太快把感情投入进去，给自己多留一点时间思考，会让你更好地保护自己。初入社会的年轻人尤其要注意这一点，因为有人会故意利用年轻人的真诚和热情打歪主意。他们会把自己打扮成一个亲切的长辈，几句话就会让你把心掏出来，而他们或者是不"掏心"，或者干脆掏一颗"假心"给你，等你走进他们的圈套，你的日子就不好过了。

在待人处世中，对刚认识的人，尤其是对那些摸不清底细的人，千万不要轻易"交心"，对他们太过老实厚道，吃亏受伤害的将是你自己。为自己穿上迷彩服，好好地将自己保护起来，这是你生存于世所必须掌握的基本本领。